家居装修
从入门到精通

施工篇
Construction

理想·宅 编

化学工业出版社
·北京·

目录 CONTENTS

第一章 装修预算 1

一 预算术语 / 2

1. 设计概算 / 2
2. 预算定额 / 2
3. 施工预算 / 3
4. 施工图预算 / 3
5. 延米 / 4
6. 房屋使用面积 / 4
7. 房屋建筑面积 / 5
8. 房屋产权面积 / 5
9. 房屋预测面积 / 6
10. 房屋实测面积 / 6
11. 套内房屋使用面积 / 7
12. 套内墙体面积 / 7
13. 套内阳台建筑面积 / 8
14. 共有建筑面积 / 8
15. 装修合同甲方、乙方 / 9
16. 直接费、间接费和设计费 / 9
17. 权益账 / 9
18. 首期款、中期款和装修尾款 / 10
19. 工程过半 / 11
20. 全包、清包和半包 / 11
21. 装修基础项目 / 12
22. 简单装修、中档装修和高档装修 / 12
23. 设计变更 / 13
24. 装修保修期 / 13

二 常见工程预算报价 / 14

1. 拆除工程参考报价 / 14
2. 吊顶工程参考报价 / 14
3. 地板安装工程参考报价 / 15
4. 地砖与石材安装工程参考报价 / 15
5. 墙面造型工程参考报价 / 15
6. 门参考报价 / 16
7. 门套、窗套参考报价 / 17
8. 楼梯、扶手栏杆工程参考报价 / 19
9. 橱柜、台面板参考报价 / 20
10. 水路工程参考报价 / 20
11. 电路工程参考报价 / 20
12. 木材面油漆和乳胶漆参考报价 / 21
13. 砌墙工程参考报价 / 22
14. 墙面批荡工程参考报价 / 23
15. 楼板工程参考报价 / 23
16. 天花工程参考报价 / 24
17. 地面找平工程参考报价 / 25
18. 地板工程参考报价 / 25
19. 地面工程参考报价 / 26
20. 卫生洁具、电器安装工程参考报价 / 26
21. 踢脚线工程参考报价 / 26
22. 地板工程参考报价 / 27
23. 综合工程参考报价 / 27

三 预算常见问题 / 28

1. 装修资金合理不超支的方法 / 28
2. 利用有限资金达到满意目的的方法 / 29
3. 装修预算易犯的通病 / 30
4. 装修预算能否告诉装修公司 / 32
5. 家装设计由谁做主最省钱 / 32
6. 过度装修 / 32
7. 怎样才能把钱用在"刀刃"上 / 33

目录 CONTENTS

    8. 与装修公司打交道的技巧 / 35
    9. 签订装修合同的要点 / 36
    10. 装修费用的简易估算方法 / 37
    11. 降低家装预算的方法 / 38
    12. 装修报价单要会挤"水分" / 39

四 常用预算表 / 40
    1. 房屋基本情况记录表 / 40
    2. 装修预期效果表 / 41
    3. 装修款核算记录表 / 42
    4. 装修款核算表 / 42

第二章 材料应用 43

一 水电材料 / 44
    1. 水路材料 / 44
    2. PP-R管 / 45
    3. PP-R管弯头 / 46
    4. PP-R管三通 / 47
    5. PVC排水管 / 48
    6. PVC排水管弯头 / 49
    7. PVC排水管三通 / 49
    8. 电线套管及配件 / 49
    9. 强电电线 / 51
    10. 弱电电线 / 51
    11. 配电箱 / 52
    12. 电路辅助材料 / 55
    13. 开关、插座 / 55

二 装饰砖石 / 57
    1. 大理石 / 57
    2. 人造石材 / 58
    3. 马赛克 / 59
    4. 文化石 / 60

三 装饰板材 / 61
    1. 石膏板 / 61
    2. PVC扣板 / 62
    3. 铝扣板 / 63
    4. 木纹饰面板 / 64
    5. 细木工板 / 65

四 装饰地材 / 66
    1. 玻化砖 / 66
    2. 釉面砖 / 67
    3. 仿古砖 / 68
    4. 实木地板 / 69
    5. 实木复合地板 / 70
    6. 强化复合地板 / 71

五 装饰玻璃 / 72
    1. 烤漆玻璃 / 72
    2. 镜面玻璃 / 73
    3. 钢化玻璃 / 74
    4. 艺术玻璃 / 75

六 漆与涂料 / 76
    1. 乳胶漆 / 76
    2. 木器漆 / 77
    3. 水性金属漆 / 78
    4. 艺术涂料 / 79

七 装饰壁纸 / 80
    1. 无纺布壁纸 / 80
    2. PVC壁纸 / 81

目录

  3. 纯纸壁纸   / 82

  4. 木纤维壁纸   / 83

八 厨卫设备   / 84

  1. 整体橱柜   / 84

  2. 灶具   / 85

  3. 水槽   / 86

  4. 水龙头   / 87

  5. 洗面盆   / 88

  6. 抽水马桶   / 89

  7. 浴室柜   / 90

  8. 浴缸   / 91

  9. 淋浴房   / 92

  10. 地漏   / 93

九 门窗五金   / 94

  1. 防盗门   / 94

  2. 实木门   / 95

  3. 实木复合门   / 96

  4. 模压门   / 97

  5. 玻璃推拉门   / 98

  6. 百叶窗   / 99

  7. 气密窗   / 100

  8. 门锁   / 101

  9. 门吸   / 102

第三章 施工工艺   103

一 施工流程   / 104

  1. 家居装修流程   / 104

  2. 家居空间的装修项目   / 104

  3. 不同工种的上场顺序   / 104

二 基础改造与水电施工   / 105

  1. 户型改造   / 105

  2. 墙和门窗拆改   / 106

  3. 水电改造   / 107

  4. 旧房拆改   / 107

  5. 水路施工   / 108

  6. 电路施工   / 109

  7. 防水施工   / 110

三 隔墙与吊顶施工   / 111

  1. 骨架隔墙   / 111

  2. 板材隔墙   / 112

  3. 砖砌隔墙   / 113

  4. 玻璃砖隔墙   / 114

  5. 墙面抹灰   / 115

  6. 吊顶施工   / 116

  7. 轻钢龙骨石膏板吊顶   / 117

  8. 木骨架罩面板吊顶   / 118

四 涂饰施工   / 119

  1. 木作清漆施工   / 119

  2. 木作色漆施工   / 120

  3. 薄涂料施工   / 121

  4. 墙面乳胶漆施工   / 122

  5. 调和漆饰面施工   / 123

  6. 壁纸施工   / 124

  7. 软包施工   / 125

五 铺装施工   / 127

  1. 墙砖（马赛克）铺贴   / 127

  2. 木质饰面板   / 129

  3. 金属饰面板   / 130

  4. 石材饰面板   / 131

目录
CONTENTS

    5. 地砖铺贴 / 132

    6. 石材地面铺贴 / 133

    7. 木地板铺装 / 134

    8. 地毯铺装 / 136

六 安装施工 / 137

    1. 木门窗安装 / 137

    2. 铝合金门窗安装 / 138

    3. 塑钢门窗安装 / 139

    4. 全玻门和玻璃安装 / 140

    5. 卫生洁具安装 / 141

    6. 开关、插座安装 / 143

    7. 灯具安装 / 144

    8. 壁柜、吊柜及固定家具安装 / 145

    9. 木窗帘盒、金属窗帘杆安装 / 146

七 维修保养 / 147

    1. 水路维修保养 / 147

    2. 电路维修保养 / 152

    3. 墙面维修保养 / 153

    4. 地面维修保养 / 156

八 施工常见问题 / 160

    1. 贴瓷砖出现干裂的处理办法 / 160

    2. 受潮发霉墙面的处理办法 / 161

    3. 墙面抹灰不做基层的后果 / 162

    4. 抹灰不分层的后果 / 162

第四章 监理验收 163

一 验收常识 / 164

    1. 验收各个阶段 / 164

    2. 验收工具 / 167

二 装修质量验收 / 168

    1. 装修质量监控 / 168

    2. 水路施工质量验收 / 171

    3. 电路施工质量验收 / 172

    4. 隔墙施工质量验收 / 173

    5. 墙面抹灰质量验收 / 173

    6. 墙砖施工质量验收 / 174

    7. 乳胶漆与油漆施工质量验收 / 175

    8. 饰面板施工质量验收 / 176

    9. 壁纸与软包施工质量验收 / 178

    10. 地面铺装质量验收 / 180

    11. 地板铺设质量验收 / 181

    12. 门窗安装质量验收 / 182

    13. 木作安装质量验收 / 184

    14. 卫浴洁具安装质量验收 / 185

    15. 开关、插座安装质量验收 / 186

第一章 装修预算

装修预算是指家庭装饰装修工程所消耗的人力、物力的价值数量。家庭装修工程的预算包括直接费价值数量与间接费价值数量两大部分。直接费价值数量包括装修工程直接消耗于施工上的费用，一般根据设计图纸将全部工程量乘以该工程的各项单位价格得出费用数据；间接费价值数量是装修工程为组织设计施工而间接消耗的费用，这部分费用为组织人员和材料而付出，不可替代。

一、预算术语

1. 设计概算

设计概算是指设计单位在初步设计或扩大初步设计阶段,根据设计图样及说明书、设备清单、概算定额或概算指标、各项费用取费标准等资料、类似工程预(决)算文件等资料,用科学的方法计算和确定建筑安装工程全部建设费用的经济文件。

设计概算

2. 预算定额

预算定额是指编制施工图预算时,计算工程造价和计算工程劳动力(工日)、机械(台班)、材料需要量的一种定额。预算定额一般是一种计价的定额,在工程建设定额中占有很重要的地位,从编制程序看,它是概算定额编制的编制基础。

需要按照施工图纸和工程量计算规则计算工程量,还需要借助于某些可靠的参数计算人工、材料和机械的消耗量,并在此基础上计算出资金的需要量,计算出建筑安装工程的价格。

▲ 家居装修之前确定预算定额至关重要

3. 施工预算

施工预算是施工单位根据施工图纸、施工定额、施工及验收规范、标准图集、施工组织设计（或施工方案）编制的单位工程（或分部分项工程）施工所需的人工、材料和施工机械（台班）数量，是施工企业内部文件，是单位工程（或分部分项工程）施工所需的人工、材料和施工机械（台班）消耗数量的标准。

▲ 施工预算用于内部计算

4. 施工图预算

从传统意义上讲，施工图预算是指在施工图设计完成以后，按照主管部门制订的预算定额、费用定额和其他取费文件等编制的单位工程或单项工程预算价格的文件；从现有意义上讲，施工图预算是指在施工图设计完成以后，根据施工图纸和工程量计算规则计算工程量，套用有关工程造价计算资料编制的单位工程或单项工程预算价格的文件。

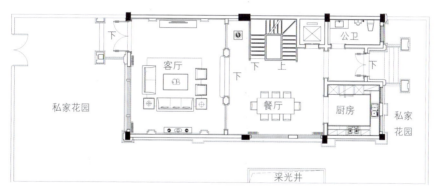

▲ 施工图预算控制着施工预算

施工预算和施工图预算的区别在于，施工预算用于施工企业内部核算，主要计算工料用量和直接费；而施工图预算却要确定整个单位工程造价。施工预算必须在施工图预算价值的控制下进行编制。另外，施工预算的编制依据是施工定额，施工图预算使用的是预算定额，两种定额的项目划分不同。即使是同一定额项目，在两种定额中各自的工、料、机械（台班）耗用数量都有一定的差别。

施工预算与施工图预算的区别

5. 延米

延米又称直米，延米是整体橱柜的一种特殊计价法。延米是一个立体概念，它包括柜子边缘为一米的吊柜加柜子边缘为一米的地柜加边缘为一米的台面。

> 正规的厂商会把延米价换算成单价，换算公式如下：
> 每米地柜价＝（延米价－台面价）×0.6
> 每米吊柜价＝（延米价－台面价）×0.4

▲ 整体橱柜常以延米为计价单位

6. 房屋使用面积

房屋使用面积是指住宅中以户（套）为单位的分户（套）门内全部可供使用的空间的水平投影面积。包括日常生活起居使用的卧室、起居室和客厅（堂屋）、亭子间、厨房、卫生间、室内走道、楼梯、壁橱、阳台、地下室、假层、附层（夹层）、阁楼（暗楼）等面积，内墙面装修厚度计入使用面积。

> 房屋使用面积是指房屋户内实际能使用的面积，按房屋的内墙面水平投影计算，不包括墙、柱等结构构造和保温层的面积，也未包括阳台面积。

▲ 房屋使用面积按房屋的内墙面水平投影线计算

7. 房屋建筑面积

房屋的建筑面积指房屋外墙（柱）勒脚以上各层的外围水平投影面积，包括阳台、挑廊、地下室、室外楼梯等，且具备上盖、结构牢固、层高 2.2m 以上（含 2.2m）的永久性建筑。

▲ 多层和高层房屋按各层建筑面积的总和计算

> 房屋计算建筑面积的基本原则：
> 1. 计算全部建筑面积应是有上盖、全封闭的房屋及部位或底层有上盖、有柱或有围护的部位。
> 2. 计算一半建筑面积一般是不封闭的房屋及部位（房屋底层的部位除外）。
> 3. 不计算建筑面积通常是层高小于2.20m的房屋及部位、装饰性的建筑、与室内不相通的部位、沿街巷社会公用的建筑及无上盖或上盖为社会公用的建筑（除挑阳台、非广场式室外楼梯算一半面积外）。

8. 房屋产权面积

房屋产权面积是指产权主依法拥有房屋所有权的房屋建筑面积。房屋产权面积由直辖市、市、县房地产行政主管部门登记确权认定。产权面积，也就是房产证上的面积。实际上就是最终的实际建筑面积。如果房产证还没有办出来，只要测绘部门已经测绘，那么现场测绘的面积就是产权面积。

建筑面积亦称建筑展开面积，它是指住宅建筑外墙外围线测定的各层平面面积之和。它是表示一个建筑物建筑规模大小的经济指标。它包括三项，即使用面积、辅助面积和结构面积。但产权面积不一定大于建筑面积，有时产权面积还小于建筑面积。

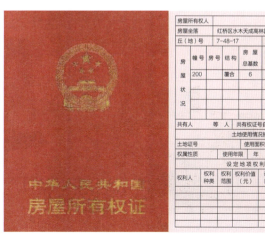

> 使用面积的计算公式：
> 建筑面积 /1.33（板楼）或 1.44（塔楼）＝使用面积

◀ 产权面积实际上就是最终的实际建筑面积

9. 房屋预测面积

房屋预测面积是指在商品房期房（有预售销售证的合法销售项目）销售中，根据国家规定，由房地产主管机构认定具有测绘资质的房屋测量机构，主要依据施工图纸、实地考察和国家测量规范对尚未施工的房屋面积进行一个预先测量计算的行为，它是开发商进行合法销售的面积依据。

▲ 房屋预测面积是房屋销售的面积依据

10. 房屋实测面积

房屋实测面积是指商品房竣工验收后，工程规划相关主管部门审核合格，开发商依据国家规定，委托具有测绘资质的房屋测绘机构，参考图纸、预测数据及国家测绘规范的规定对楼宇进行的实地勘测、绘图、计算而得出的面积。它是开发商和业主的法律依据，是业主办理产权证、结算物业费及相关费用的最终依据。

开发商规划设计的变更会导致预测面积与实测面积存在差异，房屋尺寸大小就会发生变化。房屋公共部位的变化也会对房屋分户面积产生影响。所以在购房时要搞清楚房屋的公摊面积，因为房屋公摊面积会占据所购买房屋面积的很大一部分。不按图纸施工也会对房屋实际面积产生影响。图纸在设计时已经根据比例确定好房屋实际面积，但是在施工过程中可能一些不可抗性因素会导致房屋的实际面积与房屋的预测面积存在差异。

▲ 房屋预测面积与房屋实测面积会存在差异

11. 套内房屋使用面积

套内房屋使用空间的面积,以水平投影面积按以下规定计算:套内卧室、起居室、客厅、过道、厨房、卫生间、厕所、贮藏室、壁柜等空间面积的总和计入使用面积;套内楼梯按自然层数的面积总和计入使用面积;不包括在结构面积内的套内烟囱、通风道、管道井均计入使用面积;内墙面装饰厚度计入使用面积。

▲ 套内楼梯按自然层数的面积总和计入使用面积

12. 套内墙体面积

套内墙体面积是套内使用空间周围的维护或承重墙体或其他承重支撑体所占的面积,其中各套之间的分隔墙和套与公共建筑空间的分隔墙以及外墙(包括山墙)等共有墙,均按水平投影面积的一半计入套内墙体面积。套内自有墙体按水平投影面积全部计入套内墙体面积。

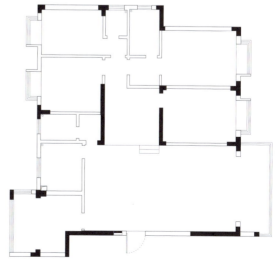

▶ 共有墙均按水平投影面积的一半计入套内墙体面积

13. 套内阳台建筑面积

套内阳台建筑面积均按阳台外围与房屋外墙之间的水平投影面积计算。其中封闭的阳台按水平投影的全部计算建筑面积，未封闭的阳台按水平投影的一半计算建筑面积。

▶ 开放阳台按水平投影的一半计算建筑面积

▲ 封闭的阳台按水平投影的全部计算建筑面积

14. 共有建筑面积

共有建筑面积的内容包括：电梯井、管道井、楼梯间、垃圾道、变电室、设备间、公共门厅、过道、地下室、值班警卫室等，以及为整幢服务的公共用房和管理用房的建筑面积，以水平投影面积计算。共有建筑面积还包括套与公共建筑之间的分隔墙，以及外墙（包括山墙）水平投影面积一半的建筑面积。独立使用的地下室、车棚、车库，为多幢服务的警卫室、管理用房，作为人防工程的地下室，都不计入共有建筑面积。

共有建筑面积

15. 装修合同甲方、乙方

装修合同就是为了房屋装修而依照《中华人民共和国合同法》及有关法律规定签订的合同。装修合同中的甲方应该是房屋的法定业主或是业主以书面形式指定的委托代理人；乙方基本上是指工程的施工方，即装修公司。

16. 直接费、间接费和设计费

直接费由直接工程费、措施费组成。直接工程费包括人工费、材料费和施工机械使用费。
间接费是耗用在建筑工程和设备安装工程上除直接费以外的费用总和。由规费和企业管理费组成。
设计费是指工程的测量费、方案设计费、施工图纸设计费和请设计师的费用。

直接费 = 直接工程费 + 措施费

间接费 = 规费 + 企业管理费

设计费 = 测量费 + 方案设计费
　　　　+ 施工图纸设计费
　　　　+ 设计师费

17. 权益账

装修费是装修合同中弹性最大的一部分，与装修公司签订合同时一定要算好权益账。付给装修公司的装修费用应根据装修的难度、劳动力水平、以往的业绩等具体情况而定。

18. 首期款、中期款和装修尾款

对于包工包料或半包工程来讲，装修的首期款一般为总费用的30%~40%，但为了保险起见，首期款的支付应该争取在第一批材料进场并验收合格后支付，否则发现材料有问题，业主就会变得很被动。

中期款的付款标准是以木器制作结束，厨卫墙、地砖、吊顶结束，墙面找平结束，电路改造结束为准则。同时，中期款的支付最好在合同上有体现，只要合同写明，就可以完全按照合同的约定进行付款和施工了。

通常情况下，装修公司会在装修工程没有完工时就要求业主付清剩下的装修款，这时，业主一定要等装修完成并验收合格后再支付装修尾款，否则，当发现工程质量有问题时，就无法控制装修公司了。

▲ 材料进场时支付首期款

▲ 木工结束时支付中期款

▲ 装修验收合格后支付尾款

19. 工程过半

"工程过半"从字面上来理解,就是指装修工程进行了一半。但是,在实际过程中往往很难将工程划分得非常准确,因此,一般会用两种办法来定义"工程过半":第一种是工期进行了一半,在没有增加项目的情况下,可认为工程过半;第二种是将工程中的木工活贴完饰面但还没有油漆(俗称木工收口)作为工程过半的标志。

一般来说,业主在装修时,应当在合同中明确"工程过半"的具体事项,以免因约定不清而影响装修资金的支付。

20. 全包、清包和半包

全包指装饰公司根据客户所提出的装饰装修要求,承担全部工程的设计、施工、材料采购、售后服务等一条龙服务。

清包指装饰公司及施工队提供设计方案、施工人员和相应设备,由消费者自备各种装饰材料。

半全包指由装饰公司负责提供设计方案、全部工程的辅助材料采购(基础木材、水泥砂石、油漆涂料的基层材料等)、装饰施工人员及操作设备等,而客户负责提供装修主材,一般是指装饰面材,如木地板、墙地砖、涂料、壁纸、石材、成品橱柜、洁具灯具等。

21. 装修基础项目

基础装修一般包含砸墙、建墙、水电改造、墙面地面铺贴、地面找平、吊顶、电视/沙发/床头背景墙制作、地台/榻榻米的制作、木工家具（入墙衣柜、酒柜等）的制作、门套基层处理、刮腻子、乳胶漆的刷涂。

▲ 电视背景墙制作

▲ 刷涂乳胶漆

22. 简单装修、中档装修和高档装修

简单装修是指在不耗费大量的人力、财力、物力的情况下，对住房进行一个最经济实惠的装修。其主要特点是不影响正常的起居，以简洁、省钱为主。

中档装修一般以简洁、舒适为主，部分要求体现出业主的个性特征。在装修上要考虑一些装饰性墙面封板及贴木皮、喷漆的施工，局部应用大理石等中高档装修材料。

高档装修是指装修的定位在追求豪华、高贵和气派，同时体现出业主与众不同的气度修养和成就感。装修材料常包括欧式的装饰板材、线板、高级灯饰，高档石材的大量运用也是这类装修的特色之一。

▲ 简洁清爽的简单装修

▲ 豪华气派的高档装修

▲ 体现居住者个性的中档装修

23. 设计变更

设计变更是指项目自初步设计批准之日起至通过竣工验收正式交付使用之日止，对已批准的初步设计文件、技术设计文件或施工图设计文件所进行的修改、完善、优化等活动。设计变更应以图纸或设计变更通知单的形式发出。

24. 装修保修期

装修保修期是指在正常使用条件下，装修工期的最低保修期限。在家装工程中，一般的装修保修期为两年，而有防水、防漏要求的地方则要求装修保修期为五年。

▲ 家装工程的最低保修期为两年

二、常见工程预算报价

以 2018 年上半年北京综合建材市场数据为例

预算报价样式表

1. 拆除工程参考报价

工程项目	单位	单价/元	单价/元
拆墙	m²	39	含打墙、人工费及购买垃圾袋费用。厚度限180mm内。严禁拆除混凝土墙以及梁柱
拆墙	m²	45	含打墙、人工费及购买垃圾袋费用。厚度190~300mm。严禁拆除混凝土墙以及梁柱
拆门、门框	樘	65	拆原门、门框，并用水泥砂浆批边，含人工
铲旧地面砖	m²	17	含购袋、铲除，铲至水泥面。不含铲除水泥面
铲旧墙面瓷片	m²	18	含购袋、铲除，铲至水泥面。不含铲除水泥面
铲旧墙面原批荡	m²	13	人工铲除至砖墙面，含购袋、铲除
铲原墙面表面乳胶漆或原灰层	m²	5	含购袋、铲除
原旧墙面刷光油	m²	7	光油稀释涂刷旧墙面，起隔离作用
拆墙垃圾清理	m²	11	四层楼以上无电梯必须加收此项费用
拆洁具	项	250	全房洁具

2. 吊顶工程参考报价

编号	工程项目	单位	单价/元	材料结构及工艺标准说明
1	轻钢龙骨（防潮板、石膏板）平顶天花	m²	145	轻钢龙骨，底面象牌，9mm 石膏板
2	轻钢龙骨 二级天花	m²	195	轻钢龙骨，底面象牌，9mm 石膏板
3	磨砂玻璃吊顶	m²	215	5mm 磨砂玻璃，限价35元/m²
4	垫弯曲玻璃吊顶	m²	850	8mm 折弯玻璃
5	彩玻吊顶	m²	270	普通 5mm 彩玻，限价60元/m²
6	铝扣板吊顶（条形）	m²	119	国产0.5mm 方形扣板、铝质边角，材料限价45元/m²
7	铝扣板吊顶（方形）	m²	119	国产0.5mm 方形扣板、铝质边角，材料限价45元/m²

3. 地板安装工程参考报价

编号	工程项目	单位	单价/元	材料结构及工艺标准说明
1	铺漆板	㎡	82	防潮棉、合资9mm棉板、辅料、人工，不含主材及打蜡
2	铺素板	㎡	138	防潮棉、合资9mm棉板、打磨、油漆三遍、辅料、人工，不含主材及打蜡

4. 地砖与石材安装工程参考报价

编号	工程项目	单位	单价/元	材料结构及工艺标准说明
1	地面铺地砖 600mm×600mm	㎡	42	仅含人工和辅料，地砖由业主自购
2	地面铺地砖 800mm×800mm	㎡	55	仅含人工和辅料，地砖由业主自购
3	地面铺拼花地砖	㎡	50	含人工、辅料（水泥、砂浆）及拼花造型附加费，地砖由业主自购
4	铺地毯	㎡	16	仅含人工，不含地毯胶、收边条

5. 墙面造型工程参考报价

编号	工程项目	单位	单价/元	材料结构及工艺标准说明
1	墙面石头喷漆	㎡	220	石头漆（单色），喷二遍
2	墙面榉木板拼贴	㎡	260	广州合资B板9mm板铺底、国产3mm榉木面板饰面、拼板
3	墙裙	㎡	200	20mm×30mm木龙骨结构，国产5mm夹板垫底，墙裙高1m
4	聚晶石墙面造型（5mm）	㎡	490	含人工、材料，宽度不大于900mm，高度不大于1200mm，如需加厚费用另计
5	冰花玻璃造型（8mm）	㎡	630	含人工、材料，玻璃如需加厚费用另计（喷漆黄变，建议少用或不用）
6	裂纹玻璃造型（12mm）	㎡	670	含人工、材料，玻璃如需加厚费用另计
7	文化石墙面造型	㎡	72	仅含人工、辅料（水泥、黏结剂），文化石由业主自购
8	软包背景	㎡	300	广州合资B板背板，实木线条收边（装饰布限价60元/m，海绵不超30mm，超出部分费用由业主自理）

续表

编号	工程项目	单位	单价/元	材料结构及工艺标准说明
9	软包背景	m²	410	广州合资B板背板，实木线条收边（装饰布限价100元/m，海绵不超30mm，超出部分费用由业主自理）
10	贴墙纸	m²	35	仅含人工、批荡、底漆，墙纸由业主提供
11	空心玻璃砖墙面 190mm×190mm	m²	780	含人工、辅料（白水泥或玻璃胶）；空心玻璃砖限价15元/块，超出部分费用由业主自理
12	实木罗马柱造型（直纹）	m²	1840	直径200mm，1100元/m，不含柱头，柱头600元/个（限柏木，其他另计）
13	实木罗马柱造型（直纹）	m²	1680	直径150mm，950元/m，不含柱头，柱头600元/个（限柏木，其他另计）
14	石膏罗马柱造型（直纹）	m²	300	直径不大于200mm，200mm以上价格另计
15	墙面贴瓷片	m²	42	仅含人工和辅料、不含主料
16	墙面贴大理石	m²	120	仅含人工和辅料、不含主料

6. 门参考报价

编号	工程项目	单位	单价/元	材料结构及工艺标准说明
厨房、卫生间门				
1	厨房、卫生间防水门	樘	420	门限价270元/樘，包安装，不包门套
室内房门				
1	做新门含门套（平板门）（红、白榉）	樘	1370	门：30mm×20mm杉木龙骨或15mm广州合资夹板条形框架结构，外封广州5mm B板，3mm国产红榉木面板封面，四周7mm×45mm实木线条收边。门套：15mm国产绿叶大芯板铺底，外实木线条收口，合页限10元/副
2	做新门含门套（造型门）（红、白榉）	樘	1600	门：30mm×20mm杉木龙骨或15mm国产绿叶夹板条形框架结构，外封广州5mm B板，3mm国产红榉木面板封面，四周7mm×45mm实木线条收边。门套：15mm国产绿叶大芯板铺底，外实木线条收口，合页限10元/副
3	做新门含门套（手扫漆）（水曲柳）	樘	1550	门：30mm×20mm杉木龙骨或15mm国产绿叶夹板条形框架结构，外封广州5mm B板，3mm国产水曲柳面板封面，四周7mm×45mm实木线条收边。门套：15mm国产绿叶大芯板铺底，外实木线条收口，合页限10元/副

续表

编号	工程项目	单位	单价/元	材料结构及工艺标准说明
4	做新门含门套（黑胡桃木）（平板门）	樘	1550	门：30mm×20mm杉木龙骨或15mm国产绿叶夹板条形框架结构，外封广州5mm B板，3mm国产水曲柳面板封面，四周7mm×45mm实木线条收边。门套：15mm国产绿叶大芯板铺底，外实木线条收口，合页限10元/副
5	做新门含门套（黑胡桃木）（造型门）	樘	1800	门：30mm×20mm杉木龙骨或15mm国产绿叶夹板条形框架结构，外封广州5mm B板，3mm国产水曲柳面板封面，四周7mm×45mm实木线条收边。门套：15mm国产绿叶大芯板铺底，外实木线条收口，合页限10元/副
6	做新门含门套（樱桃木）（平板门）	樘	1370	门30mm×20mm杉木龙骨或15mm广州合资夹板条形框架结构，外封广州合资5mm夹板，冠华3mm樱桃木面板封面，四周实樱桃木线条收边。门套：15mm国产绿叶大芯板铺底，外贴70mm木线条包门套，合页限10元/副
塑钢门				
1	平开塑钢门（木纹另计）	m²	600	国产海螺牌型材，单层白玻，国产配件
2	平开塑钢门（木纹另计）	m²	750	国产海螺牌型材，双玻，国产配件
3	推拉塑钢门（木纹另计）	m²	560	国产海螺牌型材，单层白玻，国产配件
4	推拉塑钢门（木纹另计）	m²	670	国产海螺牌型材，双玻，国产配件
5	品牌1塑钢门、窗	m²	680	5mm白玻、塑钢王塑钢、人工
6	品牌2塑钢门、窗	m²	1360	5mm白玻、中航塑钢、人工
7	品牌3居塑钢门、窗	m²	800	5mm白玻、诗美居塑钢、人工

7. 门套、窗套参考报价

编号	工程项目	单位	单价/元	材料结构及工艺标准说明
包门套				
1	包门套（红榉单面）	m	95	15mm绿叶大芯板铺底，合资红榉面板外贴70mm×7mm榉木线条包门套，限200mm内宽
2	包门套（红榉双面）	m	115	15mm绿叶大芯板铺底，合资红榉面板外贴70mm×7mm榉木线条包门套，限200mm内宽

续表

编号	工程项目	单位	单价/元	材料结构及工艺标准说明
3	包门套（樱桃单面）	m	95	15mm绿叶大芯板铺底，合资红榉面板外贴70mm×7mm榉木线条包门套，限200mm内宽
4	索色包门套（樱桃单面）	m	155	15mm绿叶大芯板铺底，合资红榉面板外贴70mm×7mm榉木线条包门套，限200mm内宽
5	包门套（樱桃双面）	m	115	15mm绿叶大芯板铺底，合资红榉面板外贴70mm×7mm榉木线条包门套，限200mm内宽
6	索色包门套（樱桃双面）	m	200	15mm绿叶大芯板铺底，合资红榉面板外贴70mm×7mm榉木线条包门套，限200mm内宽
7	包门套（黑胡桃单面）	m	120	15mm绿叶大芯板铺底，合资红榉面板外贴70mm×7mm榉木线条包门套，限200mm内宽
8	包门套（黑胡桃双面）	m	145	15mm绿叶大芯板铺底，合资红榉面板外贴70mm×7mm榉木线条包门套，限200mm内宽
9	推拉门套（红榉单面）	m	130	15mm绿叶大芯板铺底，合资红榉面板外贴70mm×7mm榉木线条包门套，限200mm内宽。滑轮限价25元/副，国产铝轨
10	推拉门套（红榉双面）	m	145	15mm绿叶大芯板铺底，合资红榉面板外贴70mm×7mm榉木线条包门套，限200mm内宽。滑轮限价25元/副，国产铝轨
11	推拉门套（樱桃单面）	m	130	15mm绿叶大芯板铺底，合资红榉面板外贴70mm×7mm榉木线条包门套，限200mm内宽。滑轮限价25元/副，国产铝轨
12	索色推拉门套（樱桃单面）	m	190	15mm绿叶大芯板铺底，合资红榉面板外贴70mm×7mm榉木线条包门套，限200mm内宽。滑轮限价25元/副，国产铝轨
13	推拉门套（樱桃双面）	m	155	15mm绿叶大芯板铺底，合资红榉面板外贴70mm×7mm榉木线条包门套，限200mm内宽。滑轮限价25元/副，国产铝轨
14	索色推拉门套（樱桃双面）	m	215	15mm绿叶大芯板铺底，合资红榉面板外贴70mm×7mm榉木线条包门套，限200mm内宽。滑轮限价25元/副，国产铝轨
15	推拉门套（黑胡桃单面）	m	145	15mm绿叶大芯板铺底，合资红榉面板外贴70mm×7mm榉木线条包门套，限200mm内宽。滑轮限价25元/副，国产铝轨
16	推拉门套（黑胡桃双面）	m	170	15mm绿叶大芯板铺底，合资红榉面板外贴70mm×7mm榉木线条包门套，限200mm内宽。滑轮限价25元/副，国产铝轨
17	和式推拉门扇（红榉）	m	625	15mm绿叶大芯板结构，夹5mm全磨砂玻璃，实木线条收口，普通方格实榉木线条压边，外贴合资3mm榉木面板
18	和式推拉门扇（黑胡桃木）	m²	695	15mm绿叶大芯板结构，夹5mm全磨砂玻璃，实木线条收口，普通方格实黑胡桃木线条压边，外贴合资3mm黑胡桃木面板

续表

编号	工程项目	单位	单价/元	材料结构及工艺标准说明
19	和式推拉门扇（樱桃木）	m²	625	15mm绿叶大芯板结构，夹5mm全磨砂玻璃，实木线条收口，普通方格实黑胡桃木线条压边，外贴合资3mm黑胡桃木面板
20	索色和式推拉门扇（樱桃木）	m²	720	15mm绿叶大芯板结构，夹5mm全磨砂玻璃，实木线条收口，普通方格实黑胡桃木线条压边，外贴合资3mm黑胡桃木面板
夹板、面板包窗套				
1	包窗套（平窗红榉）	m	86	9mm广州B板铺底，合资红榉面板外贴70mm×7mm榉木线条包门套，限200mm内宽，防潮、防水费用另计
2	包窗套（平窗黑胡桃）	m	98	9mm广州B板铺底，合资胡桃面板外贴70mm×7mm黑胡桃木线条包门套，限200mm宽，防潮、防水费用另计
3	包窗套（外凸窗红榉）	m	120	9mm广州B板铺底，合资红榉面板外贴70mm×7mm榉木线条包门套，限200mm内宽，防潮、防水费用另计
4	包窗套（外凸窗黑胡桃）	m	130	9mm广州B板铺底，合资胡桃面板外贴70mm×7mm胡桃木线条包门套，限200mm内宽，防潮、防水费用另计
5	包窗套（外凸窗黑胡桃）宽200mm以上	m	149	9mm广州B板铺底，合资胡桃面板外贴70mm×7mm胡桃木线条包门套，宽超200mm以上，防潮、防水费用另计
6	索色包窗套（平窗樱桃木）	m	180	9mm广州B板铺底，合资樱桃木面板外贴70mm×7mm黑胡桃木线条包门套，限200mm内宽，防潮、防水费用另计

8. 楼梯、扶手栏杆工程参考报价

编号	工程项目	单位	单价/元	材料结构及工艺标准说明
1	楼梯铁艺护栏	m	555	1m以下，包安装、油漆、人工；不含立柱、弯头部分
2	榉木			染色加30元/m
	（1）实木弯头	个	496	材料、安装、油漆、人工
	（2）普通实木柱	m	680	材料、安装、油漆、人工
	（3）实木直护手	m	160	材料、安装、油漆、人工
	（4）实木弯护手	m	370	材料、安装、油漆、人工
	（5）实木扭弯护手	m	620	材料、安装、油漆、人工

9. 橱柜、台面板参考报价

编号	工程项目	单位	单价/元	材料结构及工艺标准说明
1	地柜（防火板）	m	700	15mm 绿叶大芯板框架结构，内外贴国产 8mm 防火板（防火板限价 45 元/张），背板 5mm 广州 B 板。橱柜台面业主自购
2	吊柜	m	700	15mm 绿叶大芯板框架结构，内外贴国产 8mm 防火板（防火板限价 45 元/张），背板 5mm 广州 B 板
3	台面	m	780	美家石或蒙特利人造石。限宽 600mm，超宽每米加 50 元
4	台面安装	m	95	包人工及辅料，业主自购台面

10. 水路工程参考报价

编号	工程项目	单位	单价/元	材料结构及工艺标准说明
1	水路线路的人工开挖槽	m	12	水路开挖槽
2	水路改装	m	71	ϕ 40 日丰铝塑管含配件，不含开槽
3	水路改装	m	85	ϕ 60 日丰铝塑管含配件，不含开槽
4	水路改装	m	71	ϕ 40 高级 PVC 复合管含配件，不含开槽
5	水路改装	m	110	ϕ 40 紫铜管及配件，不含开槽
6	水路改装	m	135	ϕ 60 紫铜管及配件，不含开槽

11. 电路工程参考报价

编号	工程项目	单位	单价/元	材料结构及工艺标准说明
1	电路暗管布管布线	m	42	2.5mm 国标华新多芯铜芯线，不含开槽
2	电路暗管开槽	m	12	仅含人工费
3	明管安装	m	36	包工包料；2.5mm 国标华新多芯铜芯线，如需超出此线规格，则由甲方补材料差价，具体以实际长度计算，完工前双方签字认可，不含开挖槽及开关、插座
4	原有线路换线	m	12	2.5mm 国标铜芯线，不含开槽
5	弱电布线	m	33	电视、电话、音响、网络优质线，不含开槽

编号	工程项目	单位	单价/元	材料结构及工艺标准说明
6	弱电布线	m	24	仅含人工费，不含开槽
7	开关插座安装（暗线盒）	个	12	仅含人工费

12. 木材面油漆和乳胶漆参考报价

编号	工程项目	单位	单价/元	材料结构及工艺标准说明
乳胶漆工程				
1	刷乳胶漆	m²	20	用双飞粉批三遍、一底三面，绿保牌108环保胶，白色，不含乳胶漆
"多乐士"系列				
1	"多乐士涂料"（亚光）	m²	28	涂料"五合一"，用双飞粉批三遍、一底三面，绿保牌108环保胶，白色
2	"多乐士涂料"（光面）	m²	28	涂料"五合一"，用双飞粉批三遍、一底三面，绿保牌108环保胶，白色
3	"多乐士涂料"（亚光）	m²	25	涂料"三合一"，用双飞粉批三遍、一底三面，绿保牌108环保胶，白色
4	"多乐士涂料"（皓白亚光）	m²	40	涂料"皓白"，用双飞粉批三遍、一底三面，绿保牌108环保胶，白色
5	"多乐士涂料"（有光）	m²	25	涂料"三合一"，用双飞粉批三遍、一底三面，绿保牌108环保胶，白色
6	彩色"多乐士涂料"附加费用	m²	4	如选用彩色"多乐士涂料"，每平方米多加此项费用
"多伦斯"系列				
1	多伦斯涂料（阿卡尔亚光）	m²	40	双飞粉批三遍，法国原装进口，一次底漆一遍面漆，绿保牌108环保胶，白色
2	多伦斯涂料（法斯多光面）	m²	42	双飞粉批三遍，法国原装进口，一次底漆一遍面漆，绿保牌108环保胶，白色
3	多伦斯涂料（法斯多半光亮）	m²	45	双飞粉批三遍，法国原装进口，一次底漆一遍面漆，绿保牌108环保胶，白色
4	多伦斯涂料法斯多毛面（亚光）	m²	42	双飞粉批三遍，法国原装进口，一次底漆一遍面漆，绿保牌108环保胶，白色
5	彩色多伦斯涂料附加费用	m²	4	如选用彩色多伦斯涂料，每平方米多加此项费用

13. 砌墙工程参考报价

编号	工程项目	单位	单价/元	材料结构及工艺标准说明
1	夹板封墙	m²	95	1. 用30mm×40mm双面木龙骨框架，双层广州合资B板3mm+5mm夹板 2. 不含批灰、批荡、墙面油漆 3. 工程量双面测量
2	夹板封隔音墙	m²	118	1. 用30mm×40mm双面木龙骨框架，双层广州合资3mm+5mm夹板，内填吸声棉 2. 不含批灰、墙面油漆 3. 工程量双面测量，如市场断货，选用同等品质材料
3	泡沫砖墙	m²	95	1. 含泡沫砖及人工费用 2. 不含批灰、批荡、墙面油漆
4	轻质水泥砖砌墙	m²	100	1. 含轻质水泥砖、水泥、砂浆、砌墙工费、不含批荡 2. 不含批灰、墙面油漆 3. 材料选用国标32.5级水泥，如市场断货，选用同等品质材料
5	空心水泥砖砌墙	m²	115	1. 含空心水泥砖、水泥、砂浆、砌墙工费、不含批荡 2. 不含批灰、墙面油漆 3. 材料选用国标32.5级水泥，如市场断货，选用同等品质材料
6	新砌白宫板墙	m²	210	1. 白宫板封墙，含工费、辅料 2. 不含批灰、批荡、墙面油漆 3. 材料选用白宫板，如市场断货，选用同等品质材料
7	新砌钛铂板墙	m²	150	1. 用6分钛铂板封墙，含工费、辅料 2. 水泥砂浆找平，厚度不大于5mm 3. 不含批灰、墙面油漆 4. 材料选用6分钛铂板，如市场断货，选用同等品质材料
8	新砌钛铂板墙	m²	190	1. 用8分钛铂板封墙，含工费、辅料 2. 水泥砂浆找平，厚度不大于5mm 3. 不含批灰、墙面油漆 4. 材料选用8分钛铂板，如市场断货，选用同等品质材料
9	水泥板现浇墙	m²	400	1. 用国标32.5级水泥、国标钢筋做结构 2. 不含批灰、墙面油漆 3. 材料选用国标32.5级水泥，如市场断货，选用同等品质材料
10	埃特板墙	m²	210	1. 用20mm×30mm木龙骨，单面封8mm埃特板 2. 墙面批荡、饰面刷乳胶漆费用另计

续表

编号	工程项目	单位	单价/元	材料结构及工艺标准说明
11	埃特板墙	m²	310	1. 用30mm×40mm木龙骨，双面封8mm埃特板 2. 墙面批荡、饰面刷乳胶漆费用另计
12	石膏板墙	m²	135	1. 轻钢龙骨，双面封12mm石膏板 2. 不含批灰、墙面油漆 3. 材料选用白象牌石膏板，如市场断货，选用同等品质材料
13	石膏板墙	m²	95	1. 用30mm×40mm木龙骨，单面封12mm石膏板 2. 不含批灰、墙面油漆 3. 材料选用白象牌石膏板，如市场断货，选用同等品质材料

14. 墙面批荡工程参考报价

编号	工程项目	单位	单价/元	材料结构及工艺标准说明
1	墙面批荡	m²	18	水泥、砂浆单面批荡，不含油漆
2	墙面包钢网批荡	m²	35	1. 包钢网、水泥、砂浆，单面批荡 2. 含工费、不含油漆
3	墙面批荡	m²	25	水泥、砂浆单面批荡，不含油漆（按墙面面积计算）

15. 楼板工程参考报价

编号	工程项目	单位	单价/元	材料结构及工艺标准说明
1	水泥板现浇楼面	m²	780	1. 用国标32.5级水泥、国标钢筋现浇结构 2. 含工费
2	钢架楼面	m²	900	1. 用100mm×50mm工字钢与槽钢结构，3mm钢板铺面，不含找平 2. 含人工费

16. 天花工程参考报价

编号	工程项目	单位	单价/元	材料结构及工艺标准说明
1	夹板造型一级天花	m²	190	300mm×300mm 木方框架，5mm 广州 B 板双层贴面，不含乳胶漆，接缝环氧树脂补缝，防潮费用另计
2	夹板造型二级天花	m²	245	300mm×300mm 木方框架，5mm 广州 B 板双层贴面，不含乳胶漆，接缝环氧树脂补缝，防潮费用另计（以展开表面积计算平方米）
3	夹板造型三级天花	m²	270	300mm×300mm 木方框架，5mm 广州 B 板双层贴面，不含乳胶漆，接缝环氧树脂补缝，防潮费用另计（以展开表面积计算平方米）
4	夹板吊顶异形造型吊顶	m²	335	300mm×300mm 木方框架，5mm 广州 B 板双层贴面，不含乳胶漆，接缝环氧树脂补缝，防潮费用另计（以展开表面积计算平方米）
轻钢龙骨防潮板、石膏板天花				
1	轻钢龙骨（防潮板、石膏板）平顶天花	m²	145	轻钢龙骨，底面象牌，9mm 石膏板
2	轻钢龙骨二级天花	m²	195	轻钢龙骨，底面象牌，9mm 石膏板
3	磨砂玻璃吊顶	m²	215	5mm 磨砂玻璃，限价 35 元/m²
4	垫弯曲玻璃吊顶	m²	850	8mm 折弯玻璃
5	彩玻吊顶	m²	2170	普通 5mm 彩玻，限价 60 元/m²
扣板吊顶				
1	铝扣板吊顶（条形）	m²	119	国产 0.5mm 方形扣板、铝质边角，材料限价 45 元/m²
2	铝扣板吊顶（方形）	m²	119	国产 0.5mm 方形扣板、铝质边角，材料限价 45 元/m²
顶面角线				
石膏角线				
1	石膏角线	m	16	80mm×2400mm 穗华牌石膏角线，包工、包料
2	异形石膏角线	m	95	80mm×2400mm 穗华牌石膏角线，包工、包料

续表

编号	工程项目	单位	单价/元	材料结构及工艺标准说明
新世纪PU角线				
1	天花角线	m	28	80mm×2400mm 新世纪PU角线，包工、包辅料
2	天花角线	m	32	120mm×2400mm 新世纪PU角线，包工、包辅料
3	弧形角线	m	40	150mm×2400mm 新世纪PU角线，包工、包辅料
木质角线				
1	红榉阴角线	m	42	规格70mm×90mm，国产，包工、包料

17. 地面找平工程参考报价

编号	工程项目	单位	单价/元	材料结构及工艺标准说明
1	地面找平20mm以下	㎡	17	含水泥、砂浆及人工费用
2	地面找平25～50mm	㎡	33	含水泥、砂浆及人工费用
3	地面抬高100mm以下	㎡	185	用国产15mm大芯板结构，15mm大芯板封面
4	地面抬高100～150mm	㎡	195	用国产15mm大芯板结构，15mm大芯板封面
5	地面抬高200mm	㎡	215	用国产15mm大芯板结构，15mm大芯板封面

18. 地板工程参考报价

编号	工程项目	单位	单价/元	材料结构及工艺标准说明
1	铺漆板	㎡	82	防潮棉、合资9mm棉板、辅料、人工，不含主材及打蜡
2	铺素板	㎡	138	防潮棉、合资9mm棉板、打磨、油漆三遍、辅料、人工，不含主材及打蜡

19. 地面工程参考报价

编号	工程项目	单位	单价/元	材料结构及工艺标准说明
1	地面铺地砖 600mm×600mm	m²	42	仅含人工和辅料，地砖由业主自购
2	地面铺地砖 800mm×800mm	m²	55	仅含人工和辅料，地砖由业主自购
3	地面铺拼花地砖	m²	50	含人工、辅料（水泥、砂浆）及拼花造型附加费，地砖由业主自购
4	铺地毯	m²	16	仅含人工，不含地毯胶、收边条

20. 卫生洁具、电器安装工程参考报价

编号	工程项目	单位	单价/元	材料结构及工艺标准说明
1	安装坐厕（仅人工费）	项	120	原有管路不改动
2	安装蹲厕（仅人工费）	项	330	原有管路不改动
3	安装洗面盆（仅人工费）	项	95	原有管路不改动
4	安装立式冲凉房（仅人工费）	项	240	原有管路不改动
5	安装浴缸（仅人工费）	项	300	原有管路不改动
6	安装抽油烟机（仅人工费）	台	95	不含管道改造
7	安装排风扇（仅人工费）	台	60	不含管道改造
8	安装镜子	m²	35	只含人工及辅料

21. 踢脚线工程参考报价

编号	工程项目	单位	单价/元	材料结构及工艺标准说明
1	瓷砖踢脚线	m	15	仅含人工、辅料
2	红榉木饰面踢脚线	m	30	广州合资 B 板 9mm 夹板铺底，面贴 3mm 合资红榉木面板，红榉实木线条收边口
3	樱桃木饰面踢脚线	m	35	广州合资 B 板 9mm 夹板铺底，面贴 3mm 合资樱桃木面板，红榉实木线条收边口
4	胡桃木饰面踢脚线	m	42	广州合资 B 板 9mm 夹板铺底，面贴 3mm 合资黑胡桃木面板，胡桃木实木线条收边口
5	大理石踢脚线	m	22	仅包人工、辅料；大理石由业主提供

22. 地板工程参考报价

编号	工程项目	单位	单价/元	材料结构及工艺标准说明
1	铺漆板	m²	82	防潮棉、合资9mm棉板、辅料、人工,不含主材及打蜡
2	铺素板	m²	138	防潮棉、合资9mm棉板、打磨、油漆三遍、辅料、人工,不含主材及打蜡

23. 综合工程参考报价

编号	工程项目	单位	单价/元	材料结构及工艺标准说明
1	工程管理费	项	4%	占工程总造价
2	材料运费	项	1%	有电梯搬运,占工程总造价
3	材料运费	项	1.5%	无电梯搬运,占工程总造价
4	材料运费	项	2%	七层楼以上无电梯,占工程总造价
5	卫生清洁费	项	1%	占工程总造价(与管理处卫生清洁费无关)
6	防水防漏工程	m²	70	上海汇丽牌防水涂料
6	防水防漏工程	m²	65	PA-A高分子益胶泥
7	全居室厨具、洁具安装(不含浴缸、热水器、蹲厕)	项	540	一卫一厨
7	全居室厨具、洁具安装(不含浴缸、热水器、蹲厕)	项	820	二卫一厨
7	全居室厨具、洁具安装(不含浴缸、热水器、蹲厕)	项	1000	三卫一厨
7	全居室厨具、洁具安装(不含浴缸、热水器、蹲厕)	项	1200	复式或别墅
8	空气宝	项	360	100 m²以下
8	空气宝	项	480	101～150 m²
8	空气宝	项	600	151～200 m²
8	空气宝	项	720	201～250 m²
8	空气宝	项	850	250 m²以上
9	灯具安装	项	580	三房二厅/全居室
9	灯具安装	项	700	四房二厅/全居室
9	灯具安装	项	820	五房二厅/全居室
9	灯具安装	项	1200	复式或别墅/全居室

三、预算常见问题

1. 装修资金合理不超支的方法

一套房子的装修资金大致用于以下几个部分：水电线路改造；家具、顶面（包括买、做）；厨卫墙、地面防水；油漆、涂料；橱柜；卫浴洁具（坐便器、浴缸、洗脸台）；地板、地砖；五金材料；门槛石（阳台石）；厨卫、阳台瓷砖；灯具；窗帘及其配件；电器（热水器、空调、抽烟机、燃气灶、排风扇等）；防盗门；厨卫吊顶；灯具、洁具等的安装费；大小装饰品。

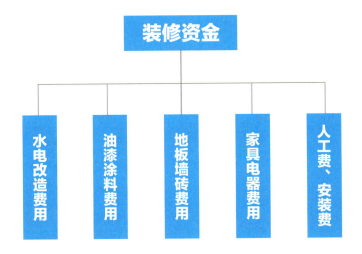

很多业主会在顶面、厨卫墙与地面防水、油漆与涂料上和装修公司讨价还价，而忽略了水电线路改造。业主在水电改造上开始看到单价以为不会花很多钱，盲目地要求把各种线路敷设到各个房间。结果，决算时往往会超出预算。

跑过市场后，了解品牌、比较价格、有计划的支出要做好。长期使用的设施要美观实用，例如：坐便器、橱柜等。有损耗、随时可以更换的东西可减少投入，例如：窗帘、沙发等。

▲ 水电改造

▲ 卫生间地面防水

2. 利用有限资金达到满意目的的方法

要想利用有限的资金达到满意的装修目的，在家庭装修之前就必须作出周密的"策划"和精心的准备。在进行装修洽谈之前，最好先做好三个策划方案，方能有备无患。

到底要花多少钱

由于家庭装修具有一次性的特点，不妨将资金的使用重点放在装修上。对于资金相对紧张的家庭，可以先将装修做好一点，以后再购买与之相配的家具和装饰品。

到底需要些什么

当拿到新居的图纸时，不妨把家人聚在一起，畅所欲言，说说对新居的要求。最后再根据这些要求分配空间，确定每个房间和功能性空间的用途。而对于家人的审美性要求，则要"求大同、存小异"，在住宅整体装修风格和谐、统一的基础上，尽量让所有家庭成员满意。

哪些细节没想到

在家庭装修之前，应对空间中的细节考虑周全，主要是要对房间家具、电器等物品的布置有一套周密合理的规划。最好绘出简单的平面工程草图，标明空间分配和家具的位置。这些细节总是在装修前想得越全面，装修中的改动、装修后的遗憾就会越少。对于空间内线路的走向和插座的位置，要为未来购置的空调、电热水器、微波炉等家用电器作准备，因此需要特别注意。

利用有限资金达到满意目的的方法

3. 装修预算易犯的通病

在装修的不同阶段，会有不同预算陷阱。主要体现在前期签订的报价合同中、选购材料时商家欺骗消费者、施工时利用业主不同而增加费用等现象。掌握这些预算关键，可有效地节省预算的额外支出。在前期制定预算支出时，应划定好软装与硬装的预算投入比例，以及各项材料的支出比例，做好预算的统筹性工作。在预算支出有限的情况下，掌握合理的分配与空间设计手法，可有效地节省预算支出。

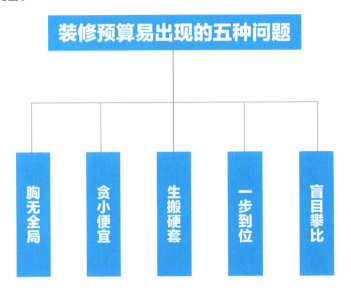

胸无全局

很多准业主在拿到新房钥匙后，还没计划好就立刻进行装修，从选择装修风格时就开始茫然，不知道哪种风格更适合自己，全凭一时的喜好，边装边看，结果导致装修效果与预想相差甚远，而且装修预算也会超支很多。

> 因此，在拿到新房后，应先确定装修风格，包括使用的装饰材料、家具的购买和摆放位置等细节都要做到心中有数。然后结合装修风格、经济能力，确定预算，并在施工过程中尽量控制预算。

贪小便宜

事实上，很多装修上的纠纷都是业主贪小便宜心理造成的。比如，许多业主为了省钱，聘请无牌施工队进行装修。按合同该竣工时却迟迟不能完工，施工战线越拖越长。而在环保方面，许多业主在装修结束后几个月还不能入住，因为室内的味道让人不敢正常呼吸。

生搬硬套

装修前，业主在网上找了很多漂亮图片，还买了很多时尚家居杂志。装修时，业主把精挑细选的图片拿给设计师看过后，设计师却说没有一个适合新家。适当参考与借鉴是必要的，但一味地模仿，则完全没有必要。不妨与设计师及时沟通。

> 在施工之前，准业主应该及时详细地告诉设计师自己的需求，并根据自己家的户型就去购买哪些家具、如何摆放这些家具、还需要添置哪些配饰等问题与设计师达成共识。

一步到位

年轻人装修新房很容易走入一个误区，总想"一步到位"，做满屋子的柜子和一些固定性的家具。客厅里的大沙发面对一个大背景墙或是电视柜；卧室里是衣柜、大床，满眼是不能动的家具，很长一段时间无法再做改变与调整。

装修应该随环境改变做相应的调整，尤其当二人世界变成三口之家时，如何合理划分和利用房屋的空间，主人还需要进行重新调整。

> 因此新房装修一定要"留白"，为适应未来变化留有足够的空间。一次性全部完成装修会造成很大的浪费，也会让主人在重新规划房屋时，一方面不知如何设计，一方面还舍不得丢弃已经过时的家具。

盲目攀比

很多人装修房子喜欢跟风，看到别人追求豪华，也一味追求，不管自己的实际情况，结果一套居室装修下来，耗去数十万元。

过度消费是一种非常不成熟的消费心理。现代人装修的理念应该是从简、环保，居住的温馨和舒适才是最重要的。"盲目攀比"投入资金比重偏大，占据室内空间也较多，同时因为使用有毒有害材料较多，对身心健康也很不利。

4. 装修预算能否告诉装修公司

许多业主不愿意把装修预算费用告诉装修公司，这是很自然的"怕吃亏"心理。业主所担心的是：假如装修预算是 10 万元，但其实 8 万元就可以了，如果对装修公司讲出预算后，装修商就会报高价，那岂不是吃了大亏。其实，价钱是由做法和用料决定的。即以同一个设计来讲，不同的做法和用料，就有不同的价钱，假如一个装修公司报价 8 万元，表面听起来，比你的预算价低了 2 万元，但说不定他给你的只是值 5 万多元的用料和做法而已。

> 是否把装修预算告诉装修公司，不是吃亏的关键。即使不告诉装修公司，还难免要吃亏。但若真的不告诉装修公司，装修公司只好去做猜谜游戏，高估或低估了业主的装修预算，结果难免要改动做法和用料，重新设计。这对双方来说，都既浪费时间，又浪费精力。

5. 家装设计由谁做主最省钱

家居的设计应充分考虑每位业主的需求和特点。很多人喜欢把家装设计交给装修公司，自己不参与设计，这样设计出来的居室往往无法体现居住者的爱好和性格。为了在居室里满足自己的需求，在设计伊始就应该参与设计，最基本的就是将自己喜欢的风格、颜色、材质等告诉设计师，然后让设计师对业主的要求提出专业的意见，并且把双方的想法体现在设计图纸上。

> 由于双方的立场不同，业主更应该从自身居住的角度考虑，设计师提出的合适的就采纳，不合适的就应坚定否决。

6. 过度装修

过度装修是指在装修过程中，不能对房屋装修内容正确估量造成过多的或者不适当的装修。例如投入的资金比重偏大，设计上侵占空间较多，对房屋原有结构破坏较严重以及使用有毒有害的材料等。

盲目听从装修公司的意见

装修公司以营利为目的，当然是希望多施工、多投入，所以在家居装修的方案上，难免偏向于"全面开花"乃至"画蛇添足"。对此，业主应有充分的心理准备，把握"删繁就简"的原则。

装修与家具重复

目前，大多数人家的居住面积还不算大，家具一般占总面积的 50% 左右。以卧室为例，除双人床、大衣柜外，有的家庭还摆有电视柜、梳妆台、写字台、沙发等家具。这样一来，从墙面到地面，被家具掩盖了许多。因此，对于较小的房间来说，实在没必要在装修上"大动干戈"。

盲目地攀比与仿照

有些人看过一些装修实例或装修图集后，便生硬地仿照，而不顾自己的房间是否具备条件。如今大多房屋内部只有 2.7m 高左右，做"吊顶"的装修不是很适宜，虽然吊出的顶很漂亮，但很容易给人带来一种"压抑"感。

7. 怎样才能把钱用在"刀刃"上

在装修前，很多人都会根据房子的面积和自己的经济情况估算一下装修的花费，省钱自然也就成为装修中的重点。怎样做到把钱都花在刀刃上，避免那些不必要的开支很关键。

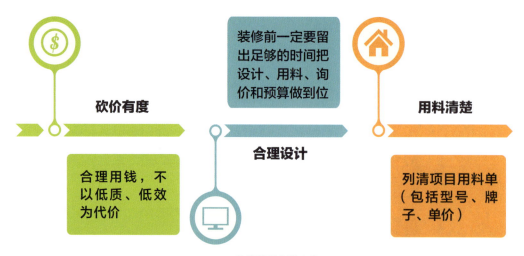

装修费用合理支出

量力而行，砍价有度

"省钱"应该是指合理用钱，把钱花在刀刃上，而不是以低质、低效为代价。在装修的重点问题上，不该省的钱是不能省的，该省的一分钱也不应多花，这是现代人的意识。如果一味追求"省钱"，最后得到的可能会是伪劣产品。

无论是装修公司或是施工团队，出于营利的本能，都会在最初的报价上列出一些可要可不要的项目。这时就要擦亮眼睛，删去那些可有可无的项目，以节省开支，但也不是所有东西都能省，在和装修公司谈合同时，事先要心中有数。

> 一般正规装修企业的毛利率占工程总造价的 10%～20% 左右。有的消费者将工程价格砍得过低，为了保持合理利润，装修公司就只有在材料费、人工费上"偷工减料"了，最终受害者仍是消费者自己。

合理设计，装修到位

合理的设计方案其实是最基本的省钱方法，一般来说，设计师会将居室的功能、装饰、用材等都一一标明在施工图上，并可以修改，直到业主满意为止，从而避免了在装修过程中边做边看、边做边改所带来的人力、物力、财力浪费，更何况设计不合理，会导致部分室内空间利用不上，那也是一笔巨大的损失。

> 装修前一定要留出足够的时间把设计、用料、询价和预算做到位，前期准备越充分，装修的速度可能越快。对收到的工程图和报价单，一定要仔细阅读，要留意所要求的装修项目是否已全部提供。

用料做工，清楚明白

现在有些装修公司为降低成本，往往在代购材料时选择伪劣产品，以次充好来牟取暴利，所以，对于装修公司提供的图纸和报价单，一定要让装修公司列出能表示出项目的尺寸、做法、用料（包括型号、牌子）、价钱的单子，不能笼统地一说了之，一定要弄清楚，写明白，免得日后发生不必要的纠纷，然后找懂行的人咨询或亲自到市场上去调查，查清楚这些主材是否货真价实。

8. 与装修公司打交道的技巧

与装修公司开始接触时，也要先大致了解清楚家装所要涉及的主要材料和重要施工项目，对这些常见项目的价格心中有数，根据投资计划决定装修项目，也可以预防一些装修公司在预算中漫天要价，从而减少投资风险。

在初步确定了几家装修公司作为候选目标以后，要尽可能地多了解一些关于这些公司的情况，以便于进行下一步的筛选工作。具体方法可以是：如果这家公司位于家装市场中，可以去市场办公室请工作人员介绍一下该公司的情况，或者以旁观者的身份从旁边观察这家公司，如他们是怎样和客户谈判的，有无客户投诉及投诉的内容是什么。

最后，根据投资预算决定了关键项目以后，就要有目的地了解掌握相关的知识，因为这些关键项目也许会决定业主的家居经过装修后的整体效果。

与装修公司的接洽准备流程

9. 签订装修合同的要点

工期约定

一般两居室 100m² 的房间，简单装修工期在 35 天左右，装修公司为了保险，一般会把工期定到 45~50 天，如果着急入住，可以在签订合同时与设计师商榷此条款。

付款方式

装修款不宜一次性付清，最好能分成首期款、中期款和尾款等。

增减项目

装修过程中，很容易有增减项目，比如多做个柜子，多改几米水电路等，这些都要在完工时交纳费用。因此在追加时要经过双方书面同意，以免日后出现争议。

保修条款

装修的整个过程主要以手工现场制作为主，所以难免会有各种各样的质量问题。保修时间内如出了问题，装修公司是包工包料全权负责保修，还是只包工、不负责材料保修，或是有其他制约条款，这些都要在合同中写清楚。

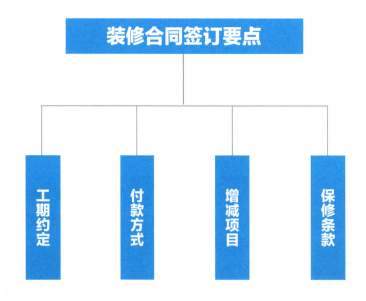

10. 装修费用的简易估算方法

在对所选装修材料的市场价格及各种做法的市场工价了解的情况下,对实际工程量进行一些估算,据此算出装修的基本价,以此为基础,再计入一定的材料自然损耗费和装修单位应得利润。通常材料的综合损耗率可以定在5%~7%,装修单位的利润一般在13%左右。

当对所需装修材料的市场价格已有了解,并已计算出各分项的工程量时,可进一步求出总的材料购置费。然后,再以7%~9%的比例计入材料的损耗与用量误差,并按33%左右计算单位的毛利收益。最后所得,即为总的装修费用。

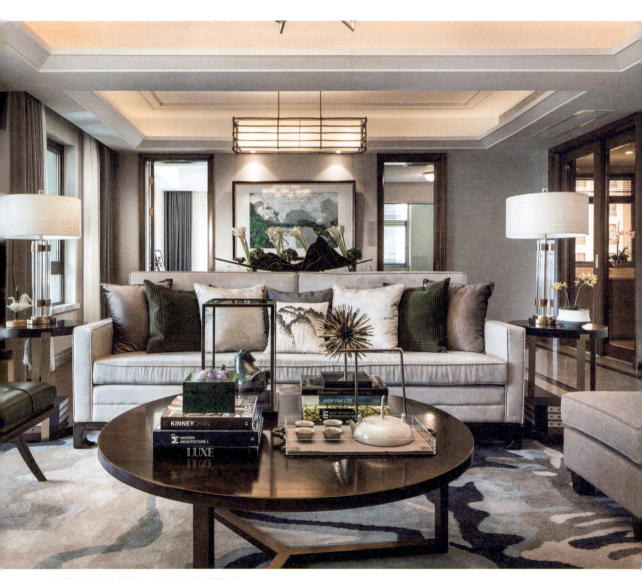

▲ 装修费用简易估算使业主明确装修预算额度

11. 降低家装预算的方法

如果装修预算紧张或想以更少的预算完成装修,那么需要了解该从哪些方面降低预算,不能一味地盲目追求最便宜的家装,要注意把控细节,多了解多接触装修市场,尽量减少不必要的开支,以此降低家装预算。

降低家装预算的方法

序号	方法	简介
1	实用至上	装修应紧紧围绕生活起居展开,不能中看不中用。在装修中,一定要记住"实用才是硬道理"
2	方案阶段尽量减少工程量	在方案阶段,尽量减少工程量,减少吊顶、装饰线条
3	不要盲目上当	装修的预算主要取决于装修的材料和装修的档次,不同品牌、不同档次的材料价格相差很大,因此要多加留意
4	尽量不要增加或少增加项目	除了一定需要增加的项目外,严格控制好项目的增加量。
5	选择合适的装修公司	合理选择装修公司是控制成本最好的办法,不妨多比较几家装修公司
6	大众化的材料与工艺	装修中要有重点,重点的部分不妨多花点钱,装修出档次和格调,其他部分不妨就选择大众化的材料和工艺,这样既能突出重点,又能省下不少钱
7	小房子不要贴大块的地砖、墙砖	大的地砖会加大材料损耗量,如果橱柜面积较大,可用低价位的材料贴背面
8	"货比三家"选材料	材料有不同的等级,即使是同等级的材料在不同的卖场价格上也会有差异,因此选材一定要"货比三家"
9	准确计算材料用量	订货时计算材料量要避免过大、过小,有些材料是不能退的,如切割了的地砖、踢脚线等
10	买打折材料	买名牌打折的材料,既省钱又能保证质量
11	团购大件产品	大件设备可参加团购或待厂家搞活动时集中采购

12. 装修报价单要会挤"水分"

要看报价单中是否有"水分",最简单的办法就是查看报价单是否在"价格说明"以外,还有"材料结构和制造安装工艺标准"。

以装修中最常见的衣柜制造项目为例,目前市场报价,包工包料最高价约为每平方米 800 元,最低价为每平方米 500 余元。差价有如此之多,其原因就在于制造工艺与使用材料的不同。有的使用合资板,有的使用进口板,在进口板中又分为中国台湾板、马来西亚板和印尼板。此外,夹板中又有夹层板和木芯板之分,两者又有较大的价格差别。如果忽视制造工艺、技术标准和使用什么品牌的油漆、刷几遍油漆等,就不能弄清价格的水分程度。

▲ 不同材料、工艺的衣柜价格天差地别

四、常用预算表

1. 房屋基本情况记录表

常用预算表

房屋基本情况记录表

房屋类型	○ 公寓　○ 复式公寓　○ 别墅　○ Townhouse		
层　数	第　层　共　层　　居住状况　○ 精装修　○ 毛坯房　○ 二次装修		
庭　院	○ 有　○ 无　　地下室　○ 有　○ 无　　车库　○ 有　○ 无		
周围环境	○ 市区　○ 郊区　○ 紧邻　○ 远离（主要街道、机场、地铁、铁路）		
使用面积：	户型　　室　　厅　　厨　　卫		
面积与层高	房间编号　层高（m）　面积（m²）		房间编号　层高（m）　面积（m²）
	房间编号　层高（m）　面积（m²）		房间编号　层高（m）　面积（m²）
	房间编号　层高（m）　面积（m²）		房间编号　层高（m）　面积（m²）
	房间编号　层高（m）　面积（m²）		房间编号　层高（m）　面积（m²）
	阳台		车库
	地下室		庭院
卫浴间	共有　个卫浴间　分别在第　层		
装修程序	墙面	○ 素水泥　○ 已抹灰　○ 已涂涂料　○ 已贴壁纸或壁布	
	地面	○ 素水泥　○ 地面已有涂料　○ 已铺装地板或瓷砖	
	顶棚	○ 素水泥　○ 未经装修　○ 已吊顶	
	上下水管		
	暖气管道		
	供热系统	○ 集中供热　○ 独立采暖　○ 成品暖气片　○ 地面采暖	
	空调系统	○ 中央空调　○ 分体式空调 ○ 需自行安装分体式空调（已、无）预留空调口	
	电路		
	电视电缆		
	网线		

2. 装修预期效果表

装修预期效果表

整体风格色调

墙面	○ 保持原状	○ 涂墙面漆	○ 铺壁纸、壁布	○ 墙板	○ 其他
地面	○ 涂料	○ 水泥地面	○ 石材	○ 地砖	○ 木地板（实木、复合、实木复合、竹木）
顶棚	○ 保持原状	○ 重新吊顶（石膏吊顶、金属天花、PVC 天花）		○ 不吊顶	
门	○ 保持原状	○ 重新做门	○ 购买成品门安装	○ 加装防盗门	
窗	○ 保持原状	○ 更换（铝合金、木窗、PVC 窗、铝包木）		○ 加装斜顶窗	○ 加装天窗
施工方式	○ 包工包料	○ 包清工			

	房间编号							
墙面	材质							
	颜色							
	面积							
地面	材质							
	颜色							
	面积							
家具	材质							
	颜色							
	面积							
房间门	颜色							
	面积							
	材质							
窗	颜色							
	面积							
	材质							
天花	颜色							
	面积							
	材质							
灯	位置							
装置电器数量	电话							
	开关							
	电视							
	网线							
	插座							
管线改动	水							
	电							
	气							

3. 装修款核算记录表

装修款核算记录表

工程总造价	元	装修时间范围	
		付款日期（年月日）	工程进展情况
首付款比率　　％	元		
二期付款比率　60%	元		
三期付款比率　35%	元		
尾款比率　　5%	元		

4. 装修款核算表

装修款核算表

主材费用及明细	辅材费用及明细	其他费用	税金	总计

第二章 材料应用

提到装修建材，多数人都会感觉迷茫，因为其种类实在太多，体系又非常繁杂，还不断地有新型材料问世。然而家装又离不开建材，甚至说合理的材料搭配，是家装整体设计能够成功的关键要素之一。了解家居设计的常用建材的类型及其特点，不仅可以降低装修预算，节省资金，也能更好地利用装修材料打造出更实用美好的家居。

一、水电材料

1. 水路材料

　　家庭水路改造分为给水和排水两部分,给水管的种类很多,但由于 PP-R 管可用于冷水也可用于热水,且性价比高,是目前家庭水路改造中最常用的给水管材,而排水管主要材料为 PVC 管。

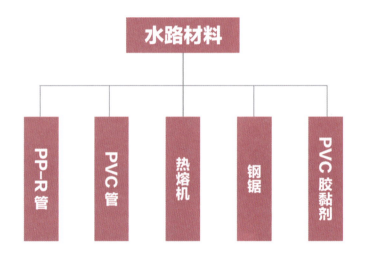

　　现代装修中水管一般采用 PP-R 热熔给水管,有纯 PP-R、PP-R 不锈钢、PP-R 紫铜。功能上分为 PP-R 冷水管和热水管,注意冷热管不能混用,尤其冷水管不能作为热水管使用。水路改造中,所有热水管均为红色,冷水管为蓝色,这样可以明确地分色选择水管,便于施工检查及维修区分。

　　除了 PVC 管、PP-R 管外,水路施工还常要用到上下水配件、PP-R 管专用焊钳、水平尺、打压机、PVC 胶、钢锯等。

▲ 家庭水路给水改造

▲ 家庭水路排水改造

2. PP-R 管

PP-R 管又叫三型聚丙烯管、无规共聚聚丙烯管，是目前家装工程中采用最多的一种供水管道，具有节能节材、环保、轻质高强、耐腐蚀、内壁光滑不结垢、施工和维修简便、使用寿命长等优点。

市面上的 PP-R 管有白色、灰色、绿色和咖喱色等多种颜色，主要是因为添加的色母料不同而造成的。管体上有红线的表示为热水管，有蓝线的为冷水管，没有线条显示的通常都有文字说明。

▲ PP-R 管

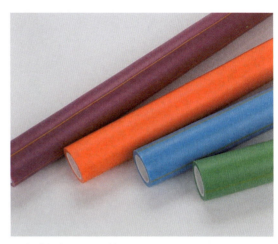
▲ 各种颜色的 PP-R 管

PP-R 管的接口采用热熔技术，管子之间完全融合到了一起，所以一旦安装打压测试通过，绝不会再漏水，可靠度极高。但这并不是说 PP-R 水管是没有缺陷的水管，它耐高温性、耐压性稍差些，长期工作温度不能超过 70℃；每段长度有限，且不能弯曲施工，如果管道铺设距离长或者转角处多，在施工中就要用到大量接头；管材便宜但配件价格相对较高。从综合性能上来讲，PP-R 管是目前性价比较高的管材，所以成为家装水管改造的首选材料。

PP-R 管选购方法

序号	选购方法	简介
1	用手摸	好的 PP-R 管为 100% 的 PP-R 原料制作，质地纯正、手感柔和，而颗粒粗糙的很可能掺了杂质
2	闻气味	好的管材没有气味，次品掺了聚乙烯，会产生怪味
3	捏管材	PP-R 管具有相当的硬度，用力捏会变形的则为次品
4	量壁厚	根据各种管材的规格，用游标卡尺测量壁厚，好的产品符合标准规格
5	听声音	将管材从高处摔落，好的 PP-R 管声音沉闷，次品声音较清脆
6	用火烧	次品因为有杂质会冒黑烟，有刺鼻气味，而合格品则无，并且熔出的液体无杂质

3. PP-R 管弯头

弯头是 PP-R 管道安装中常用的一种连接用管件，不带丝的弯头用来连接两根公称通径相同或者不同的管子，使管路做一定角度的转弯；带丝的弯头是用来连接角阀、水嘴、对丝等部件的。

▲ PP-R 管弯头

PP-R 管弯头分类表

序号	产品名称	型号	简介
1	等径弯头（90°）	L20、L25、L32	两端接相同规格的 PP-R 管 例：L20 表示两端均接 20PP-R 管
2	等径弯头（45°）	L20（45°）、L25（45°）、L32（45°）	两端接相同规格的 PP-R 管 例：L20（45°）表示两端均接 20PP-R 管
3	异径弯头	F12-L25*20、F12-L32*20、F12-L32*25	两端接不同规格的 PP-R 管 例：L25*20 表示一端接 25PP-R 管，另一端接 20PP-R 管
4	外牙弯头	L20*1/2M、L20*3/4M、L25*1/2M、L25*3/4M、L32*3/4M、L32*1M	一端接 PP-R 管，另一端接内牙 例：L20*1/2M 表示一端接 20PP-R 管，另一端接 1/2 寸内牙
5	带座内牙弯头	L20*1/2F（Z）、L25*1/2F（Z）	一端接 PP-R 管，另一端接外牙。该管件可通过底座固定在墙上 例：L20*1/2F（Z）表示一端接 20PP-R 管，另一端接 1/2 寸外牙
6	过桥弯	W20、W25	两端接相同规格的 PP-R 管 例：W20 表示两端均接 20PP-R 管
7	过桥弯管	W20（L）、W25（L）、W32（L）	两端接相同规格的 PP-R 管
8	内牙弯头活接	L20*1/2F（H2）	用于需拆卸处的安装连接，一端接 PP-R 管，另一端接外牙，主要用于水表连接

4. PP-R 管三通

三通是 PP-R 管的常用连接件之一，又叫管件三通、三通管件或三通接头，用于三条相同或不同管路汇集处，主要作用是改变水流的方向。有等径管口，也有异径管口。

三通接头的成形过程是将大于三通直径的管坯压扁至约等于三通直径的尺寸，在拉伸支管的部位开一个孔；管坯经加热，放入成形模中，并在管坯内装入拉伸支管的冲模；在压力的作用下管坯被径向压缩，在径向压缩的过程中金属向支管方向流动并在冲模的拉伸下形成支管。整个过程是通过管坯的径向压缩和支管部位的拉伸过程而成形。与液压胀形三通不同的是，三通接头支管的金属是由管坯的径向运动进行补偿的，所以也称为径向补偿工艺。

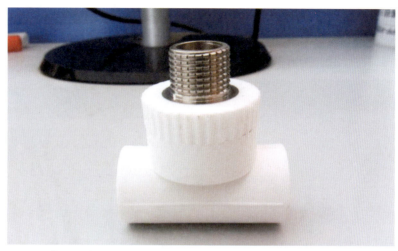

▲ PP-R 管三通

PP-R 三通分类表

序号	产品名称	型号	简介
1	等径三通	T20、T25、T32	三端接相同规格的 PP-R 管 例：T20 表示三端均接 20PP-R 管
2	异径三通	T25*20、T32*20、T32*25	三端均接 PP-R 管，其中一端变径 例：T25*20 表示两端均接 25PP-R 管，中间接 20PP-R 管
3	内牙三通	L20*1/2F、L25*1/2F、L25*3/4F、L32*1/2F、L32*1F	两端接 PP-R 管，中端接外牙 例：T20*1/2F*20 表示两端接 20PP-R 管，中间接 1/2 寸外牙
4	外牙三通	L20*1/2M、L25*3/4M、L32*1/2M、L32*3/4M	两端接 PP-R 管，中端接内牙 例：T20*1/2M*20 表示两端接 20PP-R 管，中间接 1/2 寸内牙

5. PVC 排水管

PVC 排水管是以卫生级聚氯乙烯（PVC）树脂为主要原料，加入适量的稳定剂、润滑剂、填充剂、增色剂等经塑料挤出机挤出成型和注塑机注塑成型，通过冷却、固化、定型、检验、包装等工序而完成的。它壁面光滑，阻力小，密度低。

PVC 排水管的型号用公称外径表示，家庭常用的 PVC 管道公称外径分别为 110mm、125mm、160mm、200mm 等。PVC 排水管的配件种类比 PP-R 给水管的多，包括管卡、四通、存水弯、管口封闭和直落水接头等。

PVC 排水管材的连接方式主要有密封胶圈、粘接和法兰连接 3 种。PVC 排水管管径大于等于 100mm 的管道，一般采用胶圈接口；管径小于 100mm 的管道，一般采用粘接接头，也有的采用活接头。

▲ PVC 管

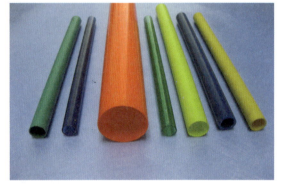

▲ 彩色 PVC 管

PVC 排水管选购方法

序号	选购方法	简介
1	看外观	最常见的白色 PVC 排水管，颜色为乳白色且均匀，内外壁均比较光滑但又有点韧性的感觉为好，而比较次的 PVC 排水管颜色要么是雪白的，要么有些发黄，且较硬，有的颜色不均，有的外壁特别光滑，而内壁显得粗糙，有时有针刺或小孔
2	检验韧性	将锯成窄条后，弯折 180°，如果一折就断，说明韧性差，费力才能折断的管材，强度、韧性佳。还可以观察断茬，茬口越细腻，说明管材均一性、强度和韧性越好
3	检测抗冲击性	可选择室温接近 20℃ 的环境，将锯成 200mm 长的管段（对 110mm 管），用铁锤猛击，好的管材，用人力很难一次击破（管越粗，承力越大）
4	选择正规品牌、厂家	用户选择 PVC 排水管时，应到有信誉的经销点选择大型的知名企业的产品，或到知名品牌的直销点选购

6. PVC 排水管弯头

弯头是 PVC 排水管路系统中比较常见的一种零件,属于连接件,作用是连接两根管路,迫使管路改变方向。PVC 排水管弯头有异径弯头、45°弯头、90°弯头、U 形弯头以及带检查口的弯头。

弯头规格型号多样,而不同角度的弯头其尺寸也是大有不同。90°弯头的尺寸,一般是按照已知管道的直径来计算的,弯曲半径常取 1.5 倍直径。根据型号的不同,90°弯头的尺寸各有差异,长短半径也不一样。

7. PVC 排水管三通

PVC 排水管的三通与 PP-R 给水管的三通作用是一样的,都属于连接件,是用来同时连接三根管路的,可分为等径三通、异径三通、左斜三通、右斜三通和瓶形三通。在连接 PVC 排水管与三通时,先用一截短的 PVC 排水管的一头接上三通,另一头接上直通备用。根据管道长度截一根长度合适的备用管,在 PVC 排水管上锯成备用管长的空档,然后把已经做成的备用管套上,就行了。

▲ PVC 排水管弯头

▲ PVC 排水管三通

8. 电线套管及配件

PVC 电工套管

PVC 管是家装中使用最多的套管类型,具有配管方便、节省钢材的特点,可暗埋也可明装,物理性能优良,同时还具有非常好的绝缘性和抗压、抗冲击性。PVC 电工套管的主要作用是保护电线免遭腐蚀,如果将电线直接埋在墙内,水泥内的成分会导致电线皮逐渐碱化而易破损,进而可能发生漏电甚至火灾。

PVC 电工套管一般分为 L 型(轻型)、M

▲ PVC 电工套管管件

型（中型）、H型（重型）。轻型，中型，重型主要是指相同外径下的相同长度的重量不同，也就是壁厚差距。产品规格一般分为三种：轻型-205、中型-305和重型-405。轻型-205的外径为 ϕ16mm~ϕ50mm，中型-305的外径为 ϕ16mm~ϕ50mm，重型-405的外径为 ϕ16mm~ϕ50mm

电线套管配件

电线套管配件按外形可分为管件和接线盒两种。管件外形为圆柱形或圆柱形的组合体；接线盒外形为长方体或八角形，一般与面板同时使用。

配件一般为白色，其他颜色可由供需双方商定。在选择配件时，应注意表面应无气泡、裂纹、缺料、色泽不均及分解变色线。配件应完整无缺损，浇口及溢边应修除平整。配件中，管线最小壁厚应大于1.2mm，接线盒最小壁厚应大于1.5mm。型芯偏移的情况下，允许配件最薄处壁厚比相应的规定值减少5%，但同一截面上两个相对壁厚的平均值应不小于相应的规定值。

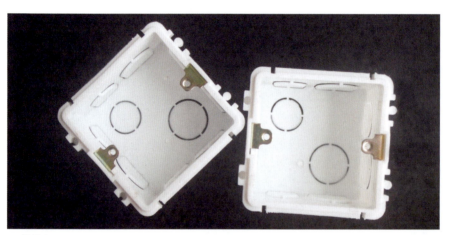

▲ 接线盒

▲ 电线套管配件管线

9. 强电电线

电线是掌控电资源的必备运输线路，质量的好坏直接关系到用电安全，是绝对不能马虎选择的电料，且要根据选用的电器使用相对应规格的电线才安全。我们的家庭常用的是交流电，一些施工队为了施工方便，直接将所有的电线收纳在一起，电源线、网线、电话线等都放在同一个底盒中，这样线路之间会受到干扰，导致信号不稳定。还会为家居发生火灾埋下隐患。强弱电应该分开走线，严禁强弱电共用一管和一个底盒，强电线路平行间距不能低于 3cm，最好是 50cm，交叉必须成直角。

▲ 强电电线

10. 弱电电线

弱电是指非动力电类的信号电，包括网络、电话、视频和音频信号等，他们的作用虽然比不上强电那么重要，但也是生活的必需品，能够提高生活的品质和便利性，连接信号主要靠弱电电线来完成。在排布时，弱电与强电可以在一个线槽内，但不能在一个线管内，并且弱电与强电的插座相隔距离最少 30cm。

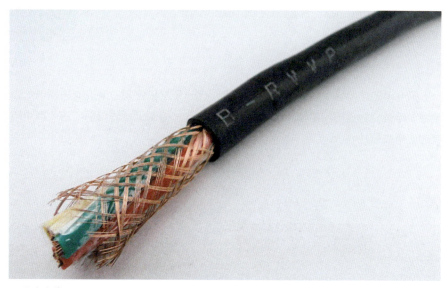

▲ 弱电电线

11. 配电箱

配电箱具有体积小、安装简便，技术性能特殊、位置固定、配置功能独特、不受场地限制、应用比较普遍、操作稳定可靠、空间利用率高、占地少且具有环保效应的特点。它可以合理的分配电能，方便对电路的开合操作，有较高的安全防护等级，能直观地显示电路的导通状态。

▲ 配电箱

配电箱的作用是集中室内所有的线路，统一分配和控制，保证家居用电的安全性。电箱分为强电配电箱（家中所有的动力电总控制）及弱电配电箱（家中所有的信号线总控制）。

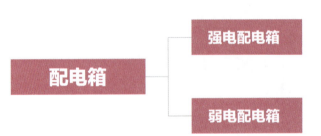

强电配电箱

强电配电箱内应设置动作电流保护器（30mA），分为几路经过控制开关，分别控制照明回路、插座回路，如果面积较大，需要再细分。如果有特殊需要，还可以将卫生间和厨房设置成单独的回路控制；如果有独立儿童房，也可以单独控制其回路，平时关闭插座回路以保证安全。配电箱的总开关若使用不带漏电保护功能的开关，就要选择能够同时分段火线、零线的 2P 开关。

控制开关的工作电流应与所控制回路的最大工作电流相匹配，一般家用总开关用 2P 40A、63A（带漏电保护或不带漏电保护），照明 10A，插座 16~20A，1.5P 的挂式空调为 20A，3~5P 的柜式空调 25~32A，10P 左右的中央空调需要独立的 2P 40A 左右，卫生间厨房 25A。

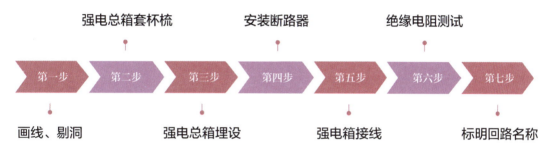

强电配电箱安装流程

弱电配电箱

弱电配电箱又称为多媒体信息箱，它的功能是将电话线、电视线、网线等信息线缆集中在一起，然后统一分配，提供高效的信息交换与分配。

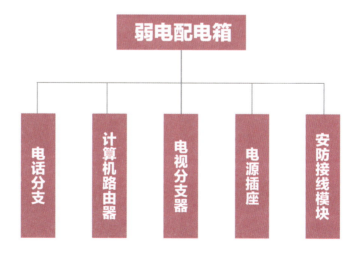

弱电箱安装的位置通常选择在室内各种进线和出线走向方便，且比较隐蔽容易装饰的位置，如玄关部位，或壁橱内。如有车库和地下室的独立住宅可考虑在这些区域挂墙明装。选中安装位置后，箱体埋入墙体时其面板露出墙面 1cm，两侧的出线孔要封堵，当所有布线完成并测试后，用石灰封平。弱电箱要安装在离地 1.5m 以上的干燥通风部位，尽可能地远离强电配电区。

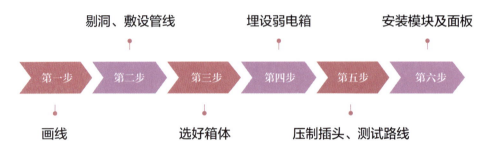

弱电配电箱安装流程

强电配电箱与弱电配电箱的区分

弱电箱是用来集中、整理较弱电压线路；而强电箱内的电压一般都是用于电能配送的 220V 或者 380V。

室内强电箱的尺寸（长度 x 宽度 x 厚度）通常有 300mm×200mm×150mm、400mm×200mm×150mm、450mm×250mm×90mm，480mm×250mm×120mm 几种，至于怎么选还要看家中分几个回路；室内弱电箱的尺寸（长度 x 宽度 x 厚度）主要用 400mm×300mm×120mm，350mm×300mm×120mm，300mm×250mm×100mm，弱电箱的尺寸选择主要依据所需要的空间。

强电箱的安装位置较高，一般在墙面离地 1.5m 处。为了隔绝电磁干扰，弱电设备一般都不会放入强电箱内。弱电箱通常设在公共区域，住户内的是分支接线盒，一般高度仅为 0.3～0.5m。

强电配电箱与弱电配电箱的区分

12. 电路辅助材料

除了电路主材以外，电路辅助材料的个头都比较小，但是却是施工过程中最常用的。电路辅助材料包括绝缘胶布、焊锡膏、自攻钉和膨胀螺栓等，它们都是必不可少的辅助材料。电线的包裹、连接、绝缘需要依靠绝缘胶布；自攻钉起到固定的作用，不同的尺寸能满足不同的使用需求；焊锡膏在常温下有一定的黏性，可将电子元器件初粘在既定位置。

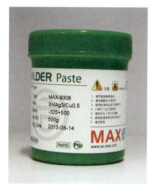
▲ 焊锡膏

▲ 绝缘胶布

▲ 自攻钉

13. 开关、插座

开关

最早，人们使用的是拉线开关，而后出现了控制式开关，随着科技的发展，又出现了多种新型开关，如调光开关、延时/定时开关、红外线感应开关、转换开关等，每种开关都有其不同的作用，可以与几开几孔开关结合使用。

开关安装高度一般离地面 1.2~1.4m，且处于同一高度的误差不能超过 5mm。门旁边的开关一般安装在门的右边，不能在门背后，开关边缘距门边 0.1~0.2m；厨房、卫生间、露台的开关安装应尽可能避免靠近用水区域，最好配置开关防溅盒。

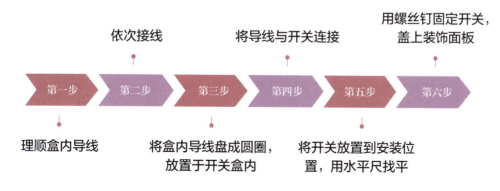
开关安装流程

插座

插座是每个家庭必备的电料之一，它的好坏直接关系到家庭日常安全，而且是保障家庭电气安全的第一道防线。插座的安装位置同样影响人们的日常使用，并且还会影响装饰美观，所以在电路改造中，一定要特别注意插座的安装位置。客厅里插座除特殊要求以外，一般低插 0.3m，增加插座要与原插座持平。

插座安装距地参考高度表

序号	插座用途	距地面高度
1	电冰箱	0.3m 或 1.5m
2	分体式、挂式空调	1.8m
3	电视机	0.2～0.25m（电视柜下面） 0.45～0.6m（电视柜上面） 1.1m（壁挂电视）
4	计算机	1.1m
5	洗衣机	1.2～1.5m
6	抽烟机	2.15～2.2m
7	微波炉	1.6m
8	小厨宝	0.5m
9	电热水器	1.8～2.0m
10	燃气热水器	1.8 或 2.3m

插座安装有横装和竖装两种方法。横装时，面对插座的右极接火线、左极接零线。竖装时，面对插座的上极接火线、下极接零线。单相三孔及三相四孔的接地线或接零线均应在上方。在安装插座时，为了避免交流电源对电视信号的干扰，电视线线管、插座与交流电源开关、插座之间应有 50mm 以上的距离。

电视插座安装流程

二、装饰砖石

1. 大理石

大理石的特点

  天然大理石的纹路和色泽浑然天成、层次丰富，非常适合用来营造华丽风格的家居。大理石的莫氏硬度虽然只有 3，但不易受到磨损，在家居空间中适合用在墙面、地面、台面等处作装饰。若应用面积大，还可采用拼花，使其更显大气。

  大理石在安装前的防护一般可分为三种：6 个面都浸泡防护药水；处理 5 个面，底层不处理；只处理表面。三种方式价格不同，可根据实际情况选择。

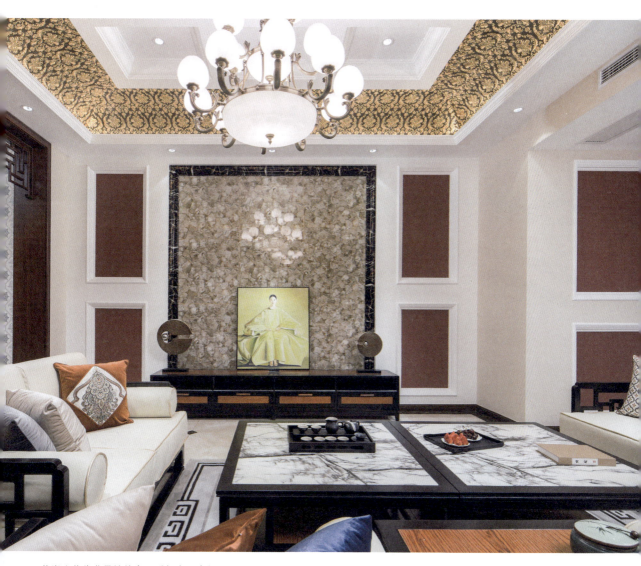
▲ 花岗岩作为背景墙使客厅看起来更大气

2. 人造石材

人造石材通常是指人造石实体面材、人造石英石、人造花岗石等。相比传统建材，人造石不但功能多样、颜色丰富，应用范围也更广泛。其特点为无毒、无放射性、阻燃、不渗污、抗菌防霉、耐磨、耐冲击、易保养、造型百变。

人造石材在施工前，基底层应结实、平整、无空鼓，基面上应无积水、油污、浮尘、脱模剂，结构无裂缝和收缩缝。人造石材在铺设时需要注意留缝，缝隙的宽度至少要达到2mm，为材料的热胀冷缩预留空间，避免起鼓、变形。

▲ 人造石材铺贴使卫浴间更显个性

▲ 灰色人造石材背景墙显得低调考究

人造石材选购方法

序号	选购方法	简介
1	观察外表	看样品颜色是否清纯不混浊，通透性好，表面无类似塑料的胶质感，板材反面无细小气孔
2	对比材质	通常纯亚克力的人造石性能更佳，纯亚克力人造石在120℃左右可以热弯变形而不会破裂
3	触摸手感	手摸人造石样品表面有丝绸感、无涩感、无明显高低不平感。用指甲划人造石材的表面，应无明显划痕

3. 马赛克

马赛克又称锦砖或纸皮砖,主要用于铺地或内墙装饰,也可用于外墙饰面。款式多样,常见的有陶瓷马赛克、金属马赛克、贝壳马赛克、玻璃马赛克以及夜光马赛克等,装饰效果突出。马赛克造型、色彩多样,在装饰中能充分展示出艺术的优美。尤其是用在卫浴空间的墙面中,可以迅速提升空间的整体视觉效果。

马赛克铺贴施工时要确定施工面平整且干净,打上基准线后,再将水泥(白水泥)或胶黏剂均匀涂抹于施工面上。注意每贴完一张即以木条将马赛克压平,确定每处均压实且与胶黏剂充分结合,每张之间应留有适当的空隙。

马赛克的特点

▲ 大面积的黑色金属马赛克墙面营造出个性的现代氛围

马赛克分类表

序号	分类	性能特点
1	贝壳马赛克	防水性好、硬度低,且不同种类具有不同的色泽;纹路天然、美观、无规律
2	夜光马赛克	常见蓝色和黄色,可在夜晚时发光,能够根据喜好拼接成各种形状,因此能营造特殊氛围
3	陶瓷马赛克	制作工艺相对古老、传统,款式复古典雅,但形态玲珑、色彩多变
4	玻璃马赛克	玻璃本身耐酸碱、耐腐蚀、不褪色,组合变化的可能性多,比较适合装饰卫浴间墙面

4. 文化石

文化石，学术名称铸石，在英国和欧洲的铸石板被定义为"与骨料和胶凝的黏合剂，在外观上类似，以类似的方式可以使用的，天然石材"的任何材料制造。铸石可制成白色或灰色水泥，通过加入精心挑选的碎石或级配良好的天然砾石和矿物颜料，达到理想的颜色和外观，同时保持耐用的物理性能。

文化石的特点

▲ 白色文化石，简约却不失设计感

▲ 仿砖色文化石，丰富空间墙面表情

文化石一般是个统称。天然文化石从材质上可分为沉积砂岩和硬质板岩。人造文化石是一种以水泥掺砂石等材料，灌入模具而形成的人造石材。文化石吸引人的特点是其色泽纹路能保持自然原始的风貌，加上色泽调配变化，能将石材质感的内涵与艺术性展现无遗。

天然文化石

天然文化石是开采于自然界的石材矿床，其中的板岩、砂岩、石英石，经过加工，成为一种装饰建材。天然文化石材质坚硬、色泽鲜明、纹理丰富、风格各异，具有抗压、耐磨、耐火、耐寒、耐腐蚀、吸水率低等优点。

> 天然文化石最主要的特点是耐用，不怕脏，可无限次擦洗。但装饰效果受石材原纹理限制，除了方形石外，其他的施工较为困难，尤其是拼接时。

人造文化石

人造文化石是采用浮石、陶粒、硅钙等材料经过专业加工精制而成的，采用高新技术把天然形成的每种石材的纹理、色泽、质感以人工的方法进行升级再现，效果极富原始、自然、古朴的韵味。

> 高档人造文化石具有环保节能、质地轻、色彩丰富、不霉、不燃、抗融冻性好、便于安装等特点。

三、装饰板材

1. 石膏板

石膏板是最常用也最常见的吊顶材料，也可作为隔墙材料。它质轻、施工技术成熟、操作简单、可塑性强。根据不同的使用需求，石膏板发展出了不同的功能，如防水、防火、穿孔、浮雕等，适合不同的空间。

对石膏板进行施工时，面层拼缝要留 3mm 的缝隙，且要双边坡口，不要垂直切口，这样可以为板材的伸缩留下余地，避免变形、开裂。纸面石膏板安装时应用木支撑临时支撑，并使板与骨架压紧，待螺钉固定完，才可撤出支撑。

石膏板的特点

▲ 井格式吊顶彰显气派

石膏板分类表

序号	分类	性能特点
1	纸面石膏板	质量轻，加工性能强，隔声隔热；施工方法简便，适用于无特殊要求的场所（连续相对湿度不超过65%）
2	穿孔石膏板	具有吸声功能，材质环保、便于清洁和保养，外形美观；主要用于干燥环境中吊顶造型的制作
3	浮雕石膏板	表面进行压花处理，装饰效果好；花样可自由定制；适用于欧式和中式家居中吊顶
4	纤维石膏板	外表省去了护面纸板；具有钉性，可挂东西；可作干墙板、墙衬、隔墙板、瓦片及砖的背板

2. PVC 扣板

PVC 扣板吊顶材料,是以聚氯乙烯树脂为基料,加入一定量抗老化剂、改性剂等助剂,经混炼、压延、真空吸塑等工艺而制成的,因易损坏,现多用铝扣板。

在安装 PVC 扣板时要预先计算好吊顶空间的安装长度,根据测量尺寸裁切后再运输到施工现场。在安装时最后一块板应按照实际尺寸裁切,装入时稍作弯曲就可以插入上块板企口内,装完后两侧压条封口。若其中一块扣板发生损坏,则将一端的压条取下,将板逐块从压条中抽出更换。拆除扣板时,注意不要破坏吊顶龙骨;如果发现松动,则要先固定好。

▲ 白色 PVC 扣板使厨房看上去更干净简洁

PVC 扣板选购方法

序号	选购方法	简介
1	观察外表	外表要美观、平整,色彩图案要与装饰部位相协调。表面有光泽、无划痕
2	关注横截面	PVC 扣板的截面为蜂巢状网眼结构,两边有加工成型的企口和凹榫,挑选时要注意企口和凹榫完整平直,互相咬合顺畅,局部没有起伏和高度差现象
3	观察	用手折弯不变形,拆装自如,遇有一定压力不会下陷和变形
4	注意性能指标	产品的性能指标应满足热收缩率 < 0.3%、氧指数 > 35%、软化温度 80℃以上、燃点 300℃以上、吸水率 < 15%、吸湿率 > 4%

3. 铝扣板

铝扣板是以铝合金板材为基底，通过开料、剪角、模压成型，铝扣板表面使用各种不同的涂层加工得到各种铝扣板产品。近年来厂家将各种不同的加工工艺都运用到家装铝扣板中，像热转印、釉面、油墨印花、镜面等，以板面花式、使用寿命等优势逐渐代替 PVC 扣板，获得人们的喜爱。

厨房安装铝扣板吊顶，需先固定软管烟道后，再安装吊顶；卫浴间需要先安装浴霸和排风扇后再安装吊顶。如果想先安装铝扣板，要提前明确灯具、浴霸等用具的尺寸和位置，以便确定吊灯开孔位置，但切忌把排风扇、浴霸和灯具直接安装在扣板或龙骨上，建议直接加固在顶部，防止吊顶因负载过重而变形。

▲ 滚涂铝合板装饰性与实用性兼备

铝扣板选购方法

序号	选购方法	简介
1	观察韧度	取一块样品反复辦折，劣质铝材折弯后不会恢复，优质铝材被折弯后能迅速恢复原状
2	听声音	拿一块样品敲打几下，仔细倾听，声音脆的说明基材好，声音发闷说明杂质较多
3	看质地	铝扣板质量好坏不全在于薄厚（家庭装修用厚度为 0.6mm 的板已足够），而在于铝材质地。部分杂牌铝材表面多喷了一层涂料使厚度达标，可以使用砂纸打磨便可辨别
4	注意工艺	铝扣板的表面处理可分为喷涂、滚涂、覆膜等几种形式。其中喷涂板存在使用寿命短、容易出现色差等缺点；滚涂板表面均匀、光滑，具有无漏涂、缩孔、划伤、脱落等优点；覆膜板表面是一层 PVC 膜，具有表面粘贴牢固、无起皱、划伤、脱落、漏贴等优点
5	辨别材质	铝扣板的材质大致分为钛铝合金、铝镁合金、铝锰合金和普通铝合金等类型。铝镁合金最大的优点是抗氧化能力好；铝锰合金的强度和刚度均优于铝镁合金，但抗氧化能力要低于铝镁合金；普通铝合金由于镁、锰的含量较少，强度、刚度以及抗氧化能力均弱于前两者；钛铝合金不仅具备前两者的优点，而且还具有抗酸碱性强的特点，是在厨房、卫生间长期使用的最佳材料

4. 木纹饰面板

木纹饰面板的特点

木纹饰面板,全称装饰单板贴面胶合板,它是将天然木材或科技木刨切成一定厚度的薄片,黏附于胶合板表面,然后热压而成的一种用于室内装修或家具制造的表面材料。木纹饰面板种类繁多、施工简单,是应用比较广泛的一种板材。

施工时要注意纹路上的结合,纹路的方向要一致,避免拼凑的情况发生,影响美观。并且要注意贴边皮的收缩问题,宜选用较厚的饰面板,在不影响施工的情况下,用较厚的皮板或较薄的夹板底板,避免产生变形。

▲ 拼贴木纹饰面板视觉冲击力强,令空间更具特色

木纹饰面板选购方法

序号	选购方法	简介
1	闻气味	如果板材有强烈的异味的话,就说明它的甲醛释放量超标,污染越厉害,危害性越大
2	观察胶层	应无透胶现象和板面污染现象;无开胶现象,胶层结构稳定。要注意表面单板与基材之间、基材内部各层之间不能出现鼓包、分层现象
3	对比纹理	天然木质花纹,纹理图案自然变异性比较大、无规则
4	观察贴面	看贴面(表皮)的厚薄程度,越厚性能越好、油漆后实木感越真、纹理也越清晰、色泽也越鲜明

5. 细木工板

细木工板俗称大芯板,是具有实木板芯的胶合板。细木工板的两面胶粘单板的总厚度不得小于 3mm。各类细木工板的边角缺损,在公称幅面以内的宽度不得超过 5mm,长度不得大于 20mm。中间木板是由优质天然的木板方经热处理(即烘干室烘干)以后,加工成一定规格的木条,由拼板机拼接而成。拼接后的木板两面各覆盖两层优质单板,再经冷、热压机胶压后制成。现在市场上大部分是实心、胶拼、双面砂光、五层的细木工板,尺寸规格为 1220 mm×2440mm。

▲ 墙面使用细木工板装饰,使客厅显得更有内涵和格调

细木工板选购方法

序号	选购方法	简介
1	观察产品检测报告	看产品检测报告中的甲醛释放量每升是否小于或等于 1.5mg。一般正规厂家生产的都有检测报告,甲醛的检测数值应该越低越好
2	看清标志	在选购时,一定要看细木工板的包装、宣传单页上面有无 E0 标志。由于市场的不规范,很多小品牌往往会伪造一些假的检验报告来欺骗消费者,所以消费者在购买时要向经销商查看检验报告的原件
3	辨别价格真伪	细木工板在装修的时候,都会或多或少地用到,它的质量直接关系到室内甲醛的含量,所以在大芯板上绝不能省钱。E0 级大芯板无论其生产设备、生产工艺和胶黏剂的质量都要求很高。仅胶黏剂一项改进,就增加了 25% 左右的成本。市场上 E0 级产品的价格在 120~280 元/张
4	观察外观	看细木工板表面是否平整,有无翘曲、变形,有无起泡、凹陷;芯条应无腐朽、断裂、虫孔、节疤等;芯条排列是否均匀整齐,缝隙越小越好。一般情况下,外观质量好的大芯板内在质量就相应好一些
5	闻气味	如果细木工板散发着清香的木材气味,说明甲醛释放量较少;如果气味刺鼻,说明甲醛释放量较多,还是不要购买
6	注意内芯	可以在现场或施工时将细木工板剖开观察内部的芯条是否均匀整齐,缝隙越小越好

四、装饰地材

1. 玻化砖

玻化砖是瓷质抛光砖的俗称,在陶瓷术语中并无玻化砖的说法,是由石英砂、泥按照一定比例烧制而成,是通体砖坯体的表面经过打磨而成的一种光亮的砖,属通体砖的一种。吸水率低于 0.5% 的陶瓷砖都称为玻化砖,抛光砖吸水率低于 0.5% 也属玻化砖,因为吸水率低的缘故,其硬度也相对比较高,不容易有划痕。

在铺贴玻化砖前,最好检查包装所示的产品型号、等级、尺寸及色号是否统一,重点检查砖体的平整度。铺贴时应先处理好基层,干铺法基础层达到一定硬度才能铺贴砖,铺贴时接缝多在 2~3mm 之间调整。

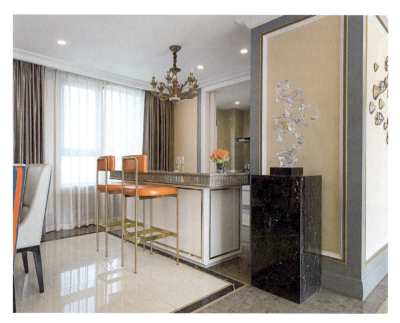

▲ 光亮的玻化砖使空间看上去更加的敞亮,给人明快的视觉效果

玻化砖选购方法

序号	选购方法	简介
1	看外观	查看玻化砖表面是否光泽亮丽,有无划痕、色斑、漏抛、漏磨、缺边、缺脚等缺陷。查看底胚商标标记,正规厂家生产的产品底胚上都有清晰的产品商标标记
2	掂重量	同一规格产品,质量好、密度高的砖手感一般都比较沉,反之,质次的产品手感较轻
3	听音色	敲击玻化砖,若声音浑厚且回音绵长如敲击铜钟之声,则瓷化程度高、耐磨性强、抗折强度高、吸水率低、不易受污染;若声音混哑,则瓷化程度低、耐磨性差、抗折强度低、吸水高、极易受污染
4	量误差	为防止瓷砖尺寸不符,最好在选购验收时对瓷砖尺寸进行误差测量。边长偏差≤1mm 为宜,量对角线尺寸最好的方法是用一条很细的线拉直沿对角线测量,看是否有偏差

2. 釉面砖

釉面砖是砖的表面经过施釉后高温高压烧制处理的瓷砖，是由土坯和表面的釉面两个部分构成的。主体又分陶土和瓷土两种，陶土烧制出来的背面呈红色，瓷土烧制的背面呈灰白色。釉面砖是装修中最常见的砖种，其色彩图案丰富、防渗、韧度好，基本不会发生断裂现象。根据光泽的不同，釉面砖又可以分为亮光釉面砖和亚光釉面砖两类。由于釉面砖的表面是釉料，所以耐磨性不如抛光砖。釉面砖主要用于室内的厨房、卫浴等墙面。

釉面瓷砖的优劣

▲ 使用不同颜色和不同拼贴方式铺贴的釉面砖形成了独特的装饰效果

釉面砖选购方法

序号	选购方法	简介
1	检查包装	检查外包装箱上是否有厂名、厂址以及产品名称、规格、等级、数量、商标、生产日期和执行的标准。检查有没有出厂合格证，产品有无破损，箱内所装产品的数量、质量是否与包装箱上的内容相一致
2	观察外表	质量好的釉面砖应平滑、细腻，亮光釉光泽晶莹亮丽，亚光釉柔和舒适。在充足的自然光线或日光灯照射下，将砖放在1m远处垂直观察，应看不到明显的釉面缺陷，产品无色差。有花纹的砖花色图案应清晰，没有明显的缺陷。好的产品尺寸偏差较小，可将一批产品垂直放在一个平面上，看看有没有参差不齐的现象。看砖的平整度，可将砖平放在平面上，用肉眼直接观察，表面无翘曲，砖的边直面用直尺测量无缝隙，这样的产品无变形、平整度好，施工方便，铺贴后砖面平整美观
3	听音色	可以轻轻进行敲打陶瓷砖，细听其声音，质量较好的产品声音清脆，说明砖体密度和硬度高
4	掂重量	相同规格和厚度的釉面砖，重量大的吸水率低，内在质量也较好，掂一掂即可知道
5	注意防滑性	将釉面地砖表面湿水后进行行走实验，能体会到可靠的防滑感觉

3. 仿古砖

仿古砖的优缺点

仿古砖实质上是上釉的瓷质砖,通过样式、颜色、图案,营造出怀旧的氛围。仿古砖是从彩釉砖演化而来,与普通的釉面砖相比,其差别主要表现在釉料的色彩上面,仿古砖属于普通瓷砖,与瓷片基本是相同的。所谓仿古,指的是砖的效果,应该叫仿古效果的瓷砖,其实并不难清洁。

仿古砖铺贴时要注意已铺贴完的地面需要养护4~5天,防止因过早使用而影响装饰效果。而在铺装过程中,可以通过地砖的不同,划分空间区域,如在餐厅或客厅中,用花砖铺围出区域分割,在视觉上形成空间对比。同时,在铺设过程中,填缝剂的颜色也很重要,选用恰当颜色的填缝剂做勾缝处理,能起到画龙点睛的作用。

▲ 仿古砖十分适合古朴、自然的家居风格

仿古砖选购方法

序号	选购方法	简介
1	测吸水率	把一杯水倒在瓷砖背面,扩散迅速的表明吸水率高;吸水率越高则越不适合用于厨卫
2	看耐磨度	仿古砖的耐磨度从低到高分为五度。家装用砖在一度至四度间选择即可
3	测硬度	用敲击听声的方法来鉴别,声音清脆的就表明内在质量好,不宜变形破碎,即使用硬物划一下砖的釉面,也不会留下痕迹
4	看色差	表面有压纹且表面釉质不能受压纹影响而有残缺,注意压纹的深浅一致

4. 实木地板

实木地板是天然木材经烘干、加工后形成的地面装饰材料。它呈现出的天然原木纹理和色彩图案，给人以自然、柔和、富有亲和力的印象，同时它冬暖夏凉、触感好。不同的木质具有不同的特点，有的偏软、有的偏硬，选择实木地板的时候可以根据生活习惯选择木种。

实木地板的特点

地板铺设前宜拆包堆放在铺设现场 1～2 天，使其适应环境，以免铺设后出现胀缩变形。

铺设工程应在施工后期铺设，不得交叉施工。铺设后应尽快打磨和涂装，以免弄脏地板或使其受潮变形。地板不宜铺得太紧，四周应留足够的伸缩缝，且不宜超宽铺设，如遇较宽的场合，应分隔切断，再压铜条过渡。

▲ 深色实木地板厚重低调

▲ 浅色实木地板给人朴素干净的感觉

实木地板选购方法

序号	选购方法	简介
1	观察外表	观察基材的颜色是否是正常的白、木面颗粒是否细腻、木纹是否逼真，一般好的木地板纹路清晰，看起来温馨，而劣质的地板颜色发黑，木纹纸不清亮，纹路比较模糊
2	闻气味	质量好的木地板有一股淡淡的木材香味。反之，低价劣质地板用鼻子闻基材就有怪味、熏鼻子，让人很不舒服
3	用水试	好的木地板基材密度较高，将清水倒在基材上，仅有少量会被吸收进去，大部分水会像珠子一样滚落。而低价劣质地板见水就吸收，在生活中使用，容易起泡起鼓
4	留心售后	市面上木地板生产厂家众多，质量参差不齐，建议选择好的品牌的木地板，这些品牌厂家都会提供完善的售后服务，还有一定的保修期限，可以省不少心

5. 实木复合地板

实木复合地板是将优质实木锯切刨切成表面板、芯板和底板单片，然后将三种单片依照纵向、横向、纵向交错排列，用胶水粘贴起来，并在高温下压制成板的，分三层和多层两种。三层实木复合地板表层为优质名贵木材薄片，中间和底层为速生木材，用胶水热压而成。多层实木复合地板以多层胶合板为基材，表层为硬木片镶拼板或刨切单板，以胶水热压而成。

▲ 实木复合地板纹理选择多样，可以满足不同风格需求

实木复合地板特点

实木复合地板选购方法

序号	选购方法	简介
1	选品牌	要看重实木复合地板的品牌。即使是用高端树木板材制成的实木复合地板，质量也有优有劣。所以在选购实木复合地板时，最好购买品牌比较好的实木复合地板。并且，如果买有品牌保障的实木复合地板，即使出了问题，也可以找商家去解决
2	检测认证标志	进口地板在产品说明书和外包装盒都会有各种标志，如欧洲强化木地板生产协会标志、欧洲最高环保标准蓝天使认证标志等。如果没有这些检测标志，其质量可能就存在一些问题
3	观察厚度	实木复合地板表层的厚度决定其使用寿命，表层板材越厚，越耐磨损，欧洲实木复合地板的表层厚度一般要求到4mm以上
4	加工密度	实木复合地板的最大优点是加工精度高，因此，选择实木复合地板时，一定要仔细观察地板的拼接是否严密，而且两相邻板应无明显高低差
5	选胶合性能	实木复合地板的胶合性能是该产品的重要质量指标，该指标的优劣直接影响使用功能和寿命 消费者可用简易的方法检验该项性能，即将实木复合地板的小样品放在70℃的热水中浸泡2小时，观察胶层是否开胶，如开胶则不宜购买

6. 强化复合地板

强化复合地板也叫做复合地板、强化地板，一些企业出于不同的目的，往往会自己命名一些名字，例如超强木地板、钻石型木地板等，不管其名称多么复杂、多么不同，这些板材都属于复合地板。它的价格选择范围大，各阶层的消费者都可以找到适合的款式。

常见的V字形拼花造型、方形拼花造型等不仅可以让居室设计多样化、呈现更美的装饰效果，并且在视觉上也有延伸空间的作用。

▲ 强化复合地板自然美观，又耐磨实用

如何选购地板

强化复合地板选购方法

序号	选购方法	简介
1	查耐磨转数	一般情况下，复合地板的耐磨转数达到1万转为优等品，不足1万转的产品，在使用1~3年后就可能出现不同程度的磨损现象
2	比较厚度	目前市场上强化复合地板的厚度一般在6~8.2mm，选择时应以厚度越厚为好。地板越厚，使用寿命也就相对长一些
3	掂重量	地板重量主要取决于其基材的密度。基材决定着地板的稳定性以及抗冲击性等诸项指标，因此基材越好，密度越高，地板也就越沉。消费者最好选择高密度板基材
4	认证书	相关证书一般包括地板原产地证书、欧洲复合地板协会（EPLF）证书、ISO 9001国际质量管理体系认证证书、ISO 14001国际环境管理体系认证证书，以及其他一些质量证书。质量检验报告必须是国家权威检验机构签发的原件
5	防水性能	大部分复合地板只在表层和底层做防水处理，而安装拼缝处遇水浸泡则易发胀起翘变形。但现在有的品牌已在地板四周立面采用了立体防水特殊处理技术，使地板的防潮性有了明显改善，并延长了地板的使用寿命

五、装饰玻璃

1. 烤漆玻璃

烤漆玻璃,是一种极富表现力的装饰玻璃品种,可以通过喷涂、滚涂、丝网印刷或者淋涂等方式来体现。烤漆玻璃在业内也叫背漆玻璃,做法是在玻璃的背面喷漆,然后在30~45℃的烤箱中烤大约12小时制成的。在很多制作烤漆玻璃的地方一般采用自然晾干,不过自然晾干的漆面附着力比较小,在潮湿的环境下容易脱落。

烤漆玻璃的厚度要按照安装玻璃板面的大小而定,一般来说,面积大的就要选用厚点的烤漆玻璃,面积小的可以选择薄一点的。5mm、8mm、10mm、12mm是一般家用烤漆玻璃的厚度。至于烤漆玻璃的规格尺寸可以根据实际需要定制,较常用的有1830mm×2440mm、1650mm×2400mm两种。

质量好的烤漆玻璃正面看色彩鲜艳、纯正、均匀,亮度佳,无明显色斑;触摸它背面,漆膜十分光滑,没有或者有很少的颗粒突起,也没有漆面"流泪"的痕迹。

选购烤漆玻璃时,不同用途选购的厚度有所区别,用于厨卫壁面的首选厚度是5mm,若做轻间隔或餐桌面,则建议选购8~10mm厚的烤漆玻璃。

▲烤漆玻璃橱柜门显得大方又充满现代感

2. 镜面玻璃

镜面玻璃又称磨光玻璃，是用平板玻璃经过抛光后制成的玻璃，分单面磨光和双面磨光两种，表面平整光滑且有光泽。简单说就是从玻璃的一面能够看到对面的景物，而从这块玻璃的另一面看不到对面的景物，可以说在这一面是不透光的。

所以在家居设计中，当室内空间有限时，利用镜面玻璃进行装饰可以将梁柱等部件隐藏起来，并且从视觉上延伸空间，使空间看上去变得宽敞。镜面玻璃最适用于现代风格的空间，不同颜色的镜面能够体现出不同的韵味，营造或温馨、或时尚、或个性的氛围。

▲ 镜面玻璃装饰顶面营造时尚感

▲ 墙面使用镜面玻璃可以从视觉上延伸空间，使空间看上去变得更加宽敞

镜面玻璃固定的方法为先在玻璃上钻孔，用镀铬螺钉、铜螺钉把玻璃固定在木骨架和衬板上。然后用硬木、塑料、金属等材料的压条压住玻璃。最后用环氧树脂把玻璃粘在衬板上。

在安装前选择的玻璃厚度应为 5~8mm，安装时严禁锤击和撬动，不合适时应取下重安。

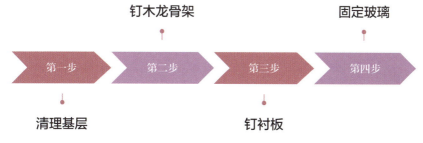

镜面玻璃施工流程

3. 钢化玻璃

钢化玻璃属于安全玻璃，它是一种预应力玻璃，为提高玻璃的强度，通常使用化学或物理的方法，在玻璃表面形成压应力，玻璃承受外力时首先抵消表层应力，从而提高了承载能力，增强了玻璃自身的抗风压性、抗寒暑性、抗冲击性等。

钢化玻璃的安全性能好，有均匀的内应力，当玻璃受外力破坏时，碎片会成类似蜂窝状的钝角碎小颗粒，不易对人体造成严重的伤害；其抗弯曲强度、耐冲击强度是普通平板玻璃的3～5倍；同时钢化玻璃具有良好的热稳定性，能承受的温差是普通玻璃的3倍，可承受300℃的温差变化。但钢化玻璃不能进行再切割和加工，温差变化大时有破裂的可能性。日常家装设计中，钢化玻璃多用于家居中的玻璃墙、玻璃门、楼梯扶手等场所。

▲ 钢化玻璃隔断区分客厅与书房，视觉上宽敞明亮

▲ 推拉门式钢化玻璃隔断实用而不失美感

钢化玻璃选购方法

序号	选购方法	简介
1	看色斑	戴上偏光太阳眼镜观看玻璃，钢化玻璃应该呈现出彩色斑纹。在光下侧看玻璃，钢化玻璃会有发蓝的斑纹
2	测手感	钢化玻璃的平整度会比普通玻璃差，用手摸钢化玻璃表面，会有凹凸的感觉
3	看弧度	观察钢化玻璃较长的边，会有一定弧度。把两块较大的钢化玻璃靠在一起，弧度会更加明显
4	仔细观察面层	选购钢化玻璃时，可仔细观察面层，可以看到黑白相间的斑点，观察时注意调整光源，可以更容易观察

4. 艺术玻璃

艺术玻璃是以玻璃为载体，加上一些工艺美术手法，使现实、情感和理想得到再现，再结合想象力实现审美主体和审美客体的相互对象化的一种物品。我们常用到的雕刻玻璃、夹层玻璃、压花玻璃等都属于艺术玻璃的范畴。艺术玻璃款式多样，具有其他材料没有的多变性。

艺术玻璃多为立体效果，安装时留框的空间要比一般玻璃略大些；另外在安装时要仔细检查每个立体部分有无破损，整体、边角是否完整。不少艺术玻璃未经强化处理，所以装置地点最好固定，不要经常挪动。如果希望快速改变玻璃质地与透光性，可以适当选用玻璃贴膜。但玻璃贴膜安装 15 天内不能用水擦洗玻璃，日后也不能粘贴不干胶装饰品。

▲ 压花玻璃可以为采光不佳的客厅增加光线

常见艺术玻璃分类

序号	种类	简介
1	压花玻璃	透光不透视，可分散光线，因此具有一定的隐私保护作用。主要用于门窗、室内间隔、卫浴等处
2	雕刻玻璃	立体感较强，纹理的图样可自由定制，在空间中装饰效果良好。适合别墅等豪华空间做隔断或墙面造型
3	夹层玻璃	隔热保温性好，安全性高，多用于连接室外的门窗
4	彩绘玻璃	色彩丰富，图案多样，时尚性较强。可根据图案的不同，用于家居装修的任意部位
5	磨砂玻璃	透光不透视，能够过滤强光；玻璃表面朦胧，因此常用于需要隐蔽的空间，如卫浴门窗及隔断
6	冰花玻璃	装饰效果良好，对光线有漫射作用，从而具有较好的私密性。常用于家居隔断、屏风以及卫浴的门窗
7	砂雕玻璃	图案往往立体、生动，富有强烈的艺术感染力。适合用于家庭装修中的门窗、隔断、屏风

六、漆与涂料

乳胶漆的选购

1. 乳胶漆

  乳胶漆是乳胶涂料的俗称，是以丙烯酸酯共聚乳液为代表的一大类合成树脂乳液涂料。乳胶漆是水分散性涂料，它是以合成树脂乳液为基料，填料经过研磨分散后加入各种助剂精制而成的涂料，具备了与传统墙面涂料不同的众多优点，如易于涂刷、干燥迅速、漆膜耐水、耐擦洗性好、抗菌等。

  新房墙面一般只需要用粗砂纸打磨，不需要把原漆层铲除。而旧房墙面需把原漆面铲除。可以用水先把表层喷湿，然后用泥刀或者电刨机把表层漆面铲除。对于已有严重漆面脱落情况的旧墙面，需把漆层铲除直至见到水泥或砖层。用双飞粉和熟胶粉调拌打底批平，再用乳胶漆涂 2~3 遍，每遍之间间隔 24 小时。

▲ 白色丝光漆为卧室增添柔和感

▲ 黄色纯色乳胶漆打造温馨舒适的空间

乳胶漆选购方法

序号	选购方法	简介
1	看外包装	一般乳胶漆的正面都会标注名称、商标、净含量、成分、使用方法和注意事项。注意生产日期和保质期，各品牌乳胶漆标注的保质期 1~5 年不等，尽可能购买近期生产的产品
2	掂分量	一般质量合格的乳胶漆，一桶 5L 的大约为 7kg；一桶 18L 的大约为 25kg。还有一种简单的方法，将油漆桶提起来，正规品牌乳胶漆晃动一般听不到声音，很容易晃动出声音则证明乳胶漆黏度不足
3	开罐检测	优质的乳胶漆比较黏稠，呈乳白色，无硬块，搅拌后呈均匀状态，没有异味。否则说明乳胶漆有质量问题。还可以在手指上均匀涂开，在几分钟之内干燥结膜，结膜有一定延展性的都是放心涂料
4	看环保检测报告	现在一般的品牌乳胶漆都有环保检测报告或检测单。消费者看清楚检测单能对乳胶漆的环保性能有一个详细的了解。检测报告对 VOC、游离甲醛以及重金属含量的检测结果都有标准。国家标准 VOC 每升不能超过 200g，游离甲醛每千克不能超过 0.1g

2. 木器漆

木器漆是指用于木制品上的一类树脂漆,有硝基漆、聚酯漆、聚氨酯漆等,可分为水性和油性。按光泽可分为高光、半亚光、亚光。按用途可分为家具漆、地板漆等。又有清漆、白色漆和彩色漆之分。木器漆施工最好在 10~30℃ 条件下进行,温度过低过高都不利于成膜质量。温度过低,油漆成膜变慢;气温过高,超过 35℃,涂刷性能受到影响。

木器漆的特点

木器漆能够使得木质材质表面更加光滑;避免木质材质直接性被硬物划伤;能有效地防止水分渗入到木材内部造成腐烂和防止阳光直晒木质家具造成干裂。

▲ 木器漆使得木质材质表面更加光滑

木器漆选购方法

序号	种类	简介
1	选择正规购买渠道	选择木器漆时要注意是否是正规生产厂家的产品,并要具备质量保证书,看清生产的批号和日期,确认合格产品方可购买
2	索取抽样检测报告	检测报告的内容根据不同的木器漆要求不同,具体如下:聚氨酯漆应用性能符合 HGT 2454—2006《溶剂型聚氨酯木器漆》的技术要求;环保性能符合 GB 18581—2001《室内装饰装修材料溶剂型木器涂料中有害物质限量》的技术要求;水性木器漆符合 HGT-3828—2006 室内用水性木器漆的技术指标
3	注意稀释剂	通常在超市购置的聚氨酯木器漆,其包装中包含主剂+固化剂+稀释剂。严格地讲,各种类型的木器漆都有相应的稀释剂,彼此不能通用。但是,在考虑某些溶剂的价格、来源、施工安全、环境污染等方面,可把一些常用的溶剂,通过调配,来代替不同的稀释剂
4	闻气味	消费者在区分不同类型的水性木器漆时,最好能够通过鼻闻的方法来辅助判断:丙烯酸有点酸的味道,聚氨酯则有些淡淡的油脂香味

3. 水性金属漆

水性金属漆是国际环保水性工业漆,以清水为稀释剂,不含有害溶剂,在施工前后不会造成环境污染,也不会危害人体健康。具有硬度高、耐划伤、附着力强、耐盐雾、耐酸碱、耐水、耐油、抗紫外光、耐老化、抗低温、耐湿热和超强的漆膜柔韧性等优点。其排放的 VOC 含量优于环境标准要求,不容易燃烧,且无毒无气味,是全新的环保产品。水性金属漆储存时应存放在阴凉通风的库房中,贮存温度最低不能低于 0℃,故北方地区冬季应存放在温暖的地方,避免冻结。

▲ 水性金属漆环保安全,十分适合家庭装修使用

水性金属漆在使用时应加 10% 左右的清水稀释,并充分搅拌均匀;该产品适宜用喷涂方法上漆,一般应涂 2~4 遍,涂覆要求均匀,复涂时间间隔为 2~3 小时,以干透为准。建议施工前先涂刷一遍多功能抗碱底漆。理论上,每公斤该产品可以涂刷 10~12 ㎡(一遍),实际用量会因厚度、造型等的要求不同而不同。

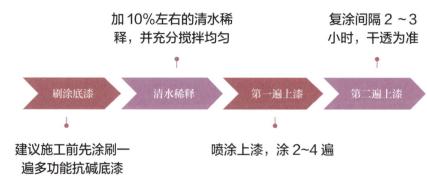

水性金属漆施工流程

4. 艺术涂料

艺术涂料最早起源于欧洲，20世纪进入国内市场以后，以其新颖的装饰风格、不同寻常的装饰效果，备受推崇。艺术涂料是一种新型的墙面装饰艺术材料，再加上现代高科技的处理工艺，使产品无毒、环保，同时还具备防水、防尘、阻燃等功能，优质艺术涂料可洗刷、耐摩擦，色彩历久弥新。

艺术涂料上漆分为两种方式，加色和减色。加色即上了一种色之后再上另外一种或几种颜色；减色即上了漆之后，用工具把漆有意识地去掉一部分，呈现预期的效果。

▲ 白色肌理漆使墙面富有变化性

▲ 砂岩漆可以营造出粗犷、自然的氛围

艺术涂料选购方法

序号	选购方法	简介
1	看水溶	艺术涂料在经过一段时间的储存后，其中的花纹粒子会下沉，上面会有一层保护胶水溶液。这层保护胶水溶液，一般占艺术涂料总量的1/4左右。凡质量好的艺术涂料，保护胶水溶液呈无色或微黄色，且较清晰；而质量差的艺术涂料，保护胶水溶液呈混浊态，明显地呈现与花纹粒子同样的颜色，其主要问题不是涂料的稳定性差，就是储存期已过，不宜再使用
2	看漂浮物	凡质量好的艺术涂料，在保护胶水溶液的表面，通常是没有漂浮物或只有极少的漂浮物。若漂浮物数量多，花纹粒子布满保护胶水溶液的表面，则表明这种艺术涂料的质量差
3	看粒子度	取一透明的玻璃杯，盛入半杯清水，然后，取少许艺术涂料，放入玻璃杯的水中搅动。质量好的艺术涂料，杯中的水仍清晰见底，粒子在清水中相对独立；质量差的艺术涂料，杯中的水会立即变得混浊不清，且粒子大小有分化
4	看销售价	质量好的艺术涂料，均由正规生产厂家按配方生产，价格适中；而质量差的涂料，成本低，销售价格便宜得多

七、装饰壁纸

壁纸的种类和选购

1. 无纺布壁纸

　　无纺布壁纸也叫无纺纸壁纸，是高档壁纸的一种，由于采用天然植物纤维无纺工艺制成，拉力更强、更环保、不发霉发黄、透气性好。无纺布壁纸产品源于欧洲，因其采用的是纺织中的无纺工艺所以也叫无纺布，但确切地说应该称作无纺纸。

　　无纺布壁纸与传统壁纸最大的不同就是可以体现出布料的温润感，因此广泛应用于客厅、餐厅、书房、卧室、儿童房等的墙面铺贴中，可以为家居环境带来温馨、轻柔的视觉效果。

▲ 花朵纹样的无纺布壁纸为客厅带来乡村般的气息

无纺布壁纸选购方法

序号	选购方法	简介
1	看图案和密度	颜色越均匀，图案越清晰的无纺布壁纸越好；布纹密度越高，说明质量越好，正反两面都要看
2	测手感	无纺布壁纸的手感很重要，手感柔软细腻说明密度较高，坚硬粗糙则说明密度较低
3	燃烧测验	环保型无纺布易燃烧，火焰明亮，有少量的黑色烟雾；人造纤维的无纺布在燃烧时火焰颜色较浅，且有刺鼻气味
4	轻擦拭	试着用略湿的抹布擦一下无纺布壁纸，如果能够轻易去除脏污痕迹，则证明质量较好
5	闻气味	环保的无纺布壁纸气味较小，甚至没有任何气味；劣质的无纺布壁纸会有刺鼻的气味。另外，有很香味道的无纺布壁纸最好不要购买

2. PVC 壁纸

　　PVC 壁纸是一种以优质木浆纸为基层,以聚氯乙烯塑料为面层,通过印刷、压花、发泡等工序加工而成的。PVC 壁纸的基层纸要求能耐热、不卷曲,有一定强度,厚度为 80～150g/㎡。PVC 壁纸施工通常是装修的最后一道工序,必须各工种都退场之后才能施工,否则很可能因为木作碎屑等,破坏壁纸的平整度。PVC 壁纸的接缝处应位于不易察觉的地方,若光源从侧面进入,会令接缝处变明显,因此在贴壁纸前应做好放样,将灯光安装好。

▲ 大花图案的 PVC 壁纸更有浪漫的女性气息

▲ 木纹 PVC 壁纸充满了时尚个性

常见 PVC 壁纸分类

序号	种类	简介
1	PVC 涂层壁纸	立体感强、纹理效果逼真;能抵御油脂和湿气;有较强的质感和较好的透气性。适合用于厨房和卫浴间
2	PVC 胶面壁纸	印花精致、压纹质感良好;防水防潮性好、经久耐用、容易维护保养。可广泛应用于所有的家居空间
3	PVC 发泡壁纸	质地厚实、松软;图案逼真、立体感强;经久耐用、容易维护保养。可广泛应用于所有的家居空间

PVC 壁纸选购方法

序号	选购方法	简介
1	检查防火性能	点燃壁纸,火苗应自动熄灭。燃烧过后的优质壁纸应变成浅灰色粉末,而劣质产品易在燃烧中产生刺鼻黑烟
2	看表面	看 PVC 壁纸表面有无色差、褶皱与气泡。最重要的是看清壁纸的对花是否准确,有无重印或者漏印的情况
3	查壁纸的耐用性	可用湿纸巾在 PVC 壁纸表面擦拭,看是否有掉色情况;也可用笔在表面划一下,再擦干净,看是否留有痕迹

3. 纯纸壁纸

纯纸壁纸,是一种全部用纸浆制成的壁纸,这种壁纸使用纯天然纸浆纤维,透气性好,并且吸水吸潮,是一种环保低碳的家装理想材料,并日益成为绿色家居装饰的新趋势。

以其材质构成不同又分为如下两种,原生木浆纸和再生纸。原生木浆纸以原生木浆为原材料,经打浆成型、表面印花而成。其特点就是相对韧性比较好,表面相对较为光滑,单平方米比较重;再生纸以可回收物为原材料,经打浆、过滤、净化处理而成,该类纸的韧性相对比较弱,表面多为发泡或半发泡型,单位面积比较轻。

▲ 卧室使用纯纸壁纸,环保安全又温馨

4. 木纤维壁纸

　　木纤维壁纸是生活中经常使用的,由木浆聚酯合成。采用亚光型光泽,柔和自然;易与家具搭配,花色品种繁多;对人体没有任何化学侵害;透气性能良好,墙面的湿气、潮气都可透过壁纸,长期使用,不会有憋气的感觉,是健康家居的首选。它经久耐用,可用水擦洗,也可以用刷子清洗。

　　木纤维壁纸是通过截取北欧优质树种的天然纤维,经特殊工艺直接加工而成的,有相当卓越的抗拉伸、抗扯裂强度,是普通壁纸的 8~10 倍,其厚度也是普通壁纸的 2~3 倍。它的使用寿命比普通壁纸长,家庭使用一般可保证 15 年左右的时间。

▲ 竖纹木纤维壁纸打造健康又安全的儿童休憩空间

▲ 灰色木纤维壁纸展现冷酷、硬朗的男性感

木纤维壁纸选购方法

序号	选购方法	简介
1	闻气味	翻开壁纸的样本,特别是新样本,凑近闻其气味,木纤维壁纸散出的是淡淡的木香味,几乎闻不到气味,如有异味则绝不是木纤维
2	用火烧	这是最有效的办法。木纤维壁纸在燃烧时没有黑烟,燃烧后的灰尘也是白色的;如果冒黑烟、有臭味,则有可能是 PVC 材质的壁纸
3	做滴水试验	这个方法可以检测其透气性。在壁纸背面滴上几滴水,看是否有水汽透过纸面,如果看不到,则说明这种壁纸不具备透气性能,绝不是木纤维壁纸
4	用水泡	用水泡把一小部分壁纸泡入水中,再用手指刮壁纸表面和背面,看其是否褪色或泡烂,真正的木纤维壁纸特别结实,并且因其染料为鲜花和亚麻当中提炼出来的纯天然成分,不会因为水泡而脱色

八、厨卫设备

1. 整体橱柜

橱柜的选择

整体橱柜是指由橱柜、电器、燃气具、厨房功能用具四位一体组成的橱柜组合,相比一般橱柜,整体橱柜的个性化程度可以更高,厂家可以根据不同需求,设计出不同的成套整体厨房橱柜产品。而厨房零碎的东西较多,需要较多的收纳空间,整体橱柜可以满足这些厨房需求。其既节约空间,又可使厨房显得整齐不凌乱。

壁柜的柜体既可以是墙体,也可以是夹层,但一定要做到顶部与底部水平,两侧垂直,如有误差,则高度差不大于 5mm,壁柜门的底轮可以通过调试系统弥补误差。做柜体时需为轨道预留尺寸,上下轨道预留尺寸为折门 8cm、推拉门 10cm。柜体抽屉的位置:做三扇推拉门时应避开两门相交处;做两扇推拉门时应置于一扇门体一侧;做折叠门时抽屉距侧壁应有 17cm 空隙。

▲ 整体橱柜使厨房更整洁干净,满足不同户型需求

整体橱柜选购方法

序号	选购方法	简介
1	看打孔	现在的板式家具都是靠三合一连接件组装,这需要在板材上打很多定位连接孔。孔位的配合和精度会影响橱柜箱体的结构牢固性。专业大厂多排钻一次完成一块板板边、板面上的若干孔,这些孔都是一个定位基准,尺寸的精度有保证。手工小厂使用排钻,甚至是手枪钻打孔,尺寸误差较大
2	看裁板	裁板也叫板材的开料,是橱柜生产的第一道工序。大型专业化企业用电子开料锯通过电脑输入加工尺寸,由电脑控制送料尺寸精度,而且可以一次加工若干张板,设备的性能稳定,开出的板尺寸精度非常高,公差单位在微米,而且板边不存在崩茬。而手工作坊型小厂用小型手动开料锯,尺寸误差大,而且经常会出现崩茬
3	看门板	小厂生产的门板由于基材和表面工艺处理不当,门板容易受潮变形
4	看组装效果	生产工序的任何尺寸误差都会表现在门板上,专业大厂生产的门板横平竖直,且门间间隙均匀,而小厂生产组合的橱柜,门板会出现门缝不平直、间隙不均匀、有大有小的情况
5	看抽屉的滑轨	虽然是很小的细节,却是影响橱柜质量的重要部分。由于孔位和板材的尺寸误差,会造成滑轨安装尺寸配合上出现误差,进而造成抽屉拉动不顺畅或左右松动的状况。还要注意抽屉缝隙是否均匀

2. 灶具

灶具即燃气灶，选择灶具时首先要清楚自己家里所使用的气种，是天然气（代号为T）、人工煤气（代号为R），还是液化石油气（代号为Y）。由于三种气源性质上的差异，器具不能混用。厨房的灶具选择一方面可以与厨房整体橱柜相搭配，也可以根据日常使用需求选择。例如想方便清洗，可以选择陶瓷灶具，如果追求时尚个性，则可以选择玻璃灶具。

灶具距离抽油烟机的高度一般来说应保持 65~70cm 的距离，油烟才能被吸附、不外散。连续拼接双炉或三炉具时，需要安装连接条，若炉具间以柜面间隔，则不需用连接条。燃气进气口的部分要注意夹具与管具之间的安装要确实紧密，以免造成燃气外泄。灶具安装完毕后还应试烧，调整空气量，使火焰稳定为青蓝色。

▲ 玻璃灶具搭配白色系厨房显得明净整齐

▲ 陶瓷灶具与大理石台面搭配，充满现代感

灶具选购方法

序号	选购方法	简介
1	看包装	优质燃气灶产品，外包装材料结实、说明书与合格证等附件齐全、印刷内容清晰
2	观察外观	优质燃气灶外观美观大方，机体各处无碰撞现象，产品表面喷漆均匀平整，无起泡或脱落现象
3	注意结构	优质燃气灶的整体结构稳定可靠，灶面光滑平整，无明显翘曲，零部件的安装牢固可靠，没有松脱现象
4	看火焰	通气点火时，应基本保证每次点火都可使燃气点燃起火，点火后 4 秒内火焰应燃遍全部火孔。火焰燃烧时应均匀稳定呈青蓝色，无黄火、红火现象

3. 水槽

水槽是用于排水法收集气体或用来盛大量水并可用于清洗餐具、食物的仪器。从实用性角度来说，不锈钢水槽的性价比最高，最耐用；陶瓷水槽的装饰效果比较好，质感温润，但容易损坏，适合追求高品质生活的家庭。

标准的水槽尺寸设计，在深度上一般在 20cm 左右为最佳，这样餐具洗涤更方便且可防止水花外溅，同时盆壁为 90°的垂直角能加大水槽的使用面积。

▲ 水槽与灶具垂直，L 形动线简单利落

水槽选购方法

序号	选购方法	简介
1	看工艺	一些名牌水槽，同样外观尺寸，价格却差异很大。这里面有材料的因素，也有工艺的成本。一般来说，一体成型法的不锈钢水槽用材肯定比焊接法的好，一流的水槽一般都用一次冲压法生产，当然名牌里边也有低端产品，焊接法的很多，用手摸一下就知道了
2	测厚度	以 0.8~1.0mm 厚度为宜，过薄影响水槽的使用寿命和强度，过厚容易损害餐具
3	看表面	高光的光洁度高，但容易刮花；砂光的耐磨损，却易聚集污垢；亚光的既有高光的亮泽度，也有砂光的耐久性，一般选择较多
4	注意材质	有的厂家做水槽以次充好，采用含镍少的 202、402、不锈铁，长时间使用，此类水槽表面易被腐蚀，挂污率高且不易清洁
5	看深度	高档水槽的盆深在 180~240mm 左右，一般的水槽盆深都在 180mm 以下

4. 水龙头

水龙头是水阀的通俗称谓，用来控制水流的大小、开关，有节水的功效。水龙头的更新换代速度非常快，从老式铸铁工艺发展到电镀旋钮式，又发展到不锈钢单温单控水龙头、不锈钢双温双控水龙头、厨房半自动水龙头。水龙头虽然使用的部位不多，却是使用率很高的五金件，很多人都是随意购买而不像其他大的配件那样讲究，这是一个错误的观念，不合格的水龙头很容易出现问题，需要频繁更换，非常影响使用。

▲ 不锈钢水龙头简洁又百搭

在装设水龙头时必须确实固定，并注意出水孔距与孔径，尤其是与浴缸或者水槽接合时要特别注意。不论是浴缸出水龙头还是面盆出水龙头，都要注意完工后是否有歪斜。若发生歪斜情况，应及时调整。

水龙头选购方法

序号	种类	简介
1	索要检测报告	购买时应向商家索取产品的规格数据、检测报告，留意当中数据是否符合国家质检要求。另外如果水龙头的水流速度保持在约 8.3L/min，则达到最佳的节水效果，消费者可向导购员咨询产品详情
2	看把手	优质的产品转动把手时，龙头与开关之间没有过大的间隙，并且开关轻松无阻，不打滑
3	看阀芯	陶瓷阀芯价格低，对水质污染较小，但质地较脆，容易破裂；金属球阀芯可以准确控制水温、节约能源；轴滚式阀芯手柄转动流畅，手感舒适轻松，耐磨损
4	闻气味	这是消费者较易忽略的步骤，就是应该对水龙头管口进行嗅觉鉴别，避免选购具有刺鼻气味的水龙头

5. 洗面盆

洗面盆的种类、款式、造型非常丰富，按造型可分为台上盆、台下盆、挂盆、立柱盆和碗盆。按材质可分为玻璃盆、不锈钢盆和陶瓷盆。洗面盆价格相差悬殊，档次分明，从一二百元到过万元的洗面盆都有，影响洗面盆价格的主要因素有品牌、材质与造型。

洗面盆的种类

▲ 台下盆既节省空间又简洁明净

▲ 立柱盆装饰效果突出，适合面积较小的空间

洗面盆分为上嵌或下嵌式，两种安装方式的柜面都要注意防水收边的处理工作。壁挂式洗面盆由于特别依赖底端的支撑点，因此施工时务必注意螺钉是否牢固，以免影响日后洗面盆的稳定性。

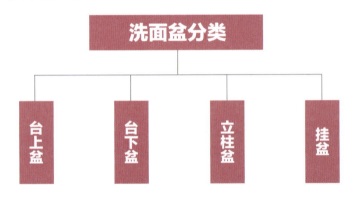

洗面盆选购方法

序号	选购方法	简介
1	看配件	在选购洗面盆时，要注意支撑力是否稳定，内部安装的配件是否齐全
2	看光洁度	判定时可选择在较强光线下，从侧面仔细观察产品表面的反光，以表面没有细小砂眼和麻点，或砂眼和麻点很少的为好
3	看空间	如果卫浴间面积较小，可以选择柱式或角型洗面盆；如果面积较大，那么台式洗面盆和无沿台式洗面盆都比较合适
4	选同系列风格	在选择洗面盆时，尽量与坐便器和浴缸等保持风格一致，这样才具备整体的协调感

6. 抽水马桶

抽水马桶可以说是所有洁具中使用频率最高的一个，家里的每个人都会使用它，它的质量好坏直接关系到生活品质，试想家里的马桶总是出问题，直接会影响心情。马桶的价位跨度非常大，从百元到数万元不等，主要是由设计、品牌和做工精细度决定的。

抽水马桶的色彩样式相对而言并不特别丰富，所以在选择时更注重功能与尺寸。卫浴间面积过小时，尽量选择直径较小的马桶，以免影响人的正常行动。

▲ 虹吸式抽水马桶冲水噪音小，容易冲掉黏附在马桶表面的污物

抽水马桶选购方法

序号	选购方法	简介
1	掂重量	马桶越重越好，普通的马桶重量在 25kg 左右，好的马桶 50kg 左右。重量大的马桶密度大，质量比较过关。简单测试马桶重量的方法：双手拿起水箱盖，可以掂一掂它的重量
2	注意出水口	马桶底部的排污孔最好为一个，现在很多品牌的排污孔都是 2~3 个（根据不同的口径），但是排污孔越多越影响冲力。卫生间的出水口有下排水和横排水之分，要量好下水口中心至水箱后面墙体的距离，买相同型号的马桶来对距入座，否则马桶无法安装。横排水马桶的出水口要和横排水口的高度相等，最好略高一些，才能保证污水通畅。马桶底部的排污孔中心距墙 300mm 的为中下水马桶；距墙 200~250mm 的为后下水马桶；距墙 400mm 以上的为前下水马桶
3	看口径	大口径排污管道且内表面施釉的，不容易挂脏，排污迅速有力，能有效地预防堵塞。测试方法，将整个手放进马桶口，一般能有一个手掌容量为最佳
4	检测水箱	抽水马桶储水箱漏水除有明显滴水声响可断定外，一般不易发觉，简单检查办法是在马桶水箱内滴入蓝墨水，搅匀后看马桶出水处有无蓝色水流出，如有则说明马桶有漏水的地方
5	选择冲水形式	冲落式及虹吸冲落式注水量约 6L，排污能力强，只是冲水时声音大；而漩涡式一次用水量大，但有良好的静音效果

7. 浴室柜

浴室柜是浴室间放物品的柜子，它是卫浴收纳的好帮手，可以将卫浴中杂乱的物品进行有效收纳。基材是浴室柜的主体，它被面材所掩饰，但它是浴室柜品质和价格的决定因素。

一般浴室柜的标准安装高度是800~850mm，这是从地砖到洗手盆的上部来计算的，具体的安装高度还要根据家庭成员的高矮和使用习惯来确定。安装时要提前确认水管的管线图和线路图，避免损坏水管或电线线路，造成不必要的损失。

▲ 白色浴室柜与整体卫浴间风格协调

浴室柜选购方法

序号	选购方法	简介
1	看品牌	一般对于一个好的品牌而言，质量方面、售后方面，都是比较有保障的，因此在经济容许的条件下，可以挑选好的品质、品牌的产品
2	看防潮性	购买时应了解所有的金属件是否是经过防潮处理的不锈钢，或是浴柜专用的铝制品，以使抗湿性能得到保障
3	检查柜门	仔细检查浴室柜合页的开启度。若开启度达到180°，取放物品会更加方便。合页越精确，柜子门会合得越紧，就越不容易进灰尘
4	看五金	五金配件虽小，但关系着日常使用的舒适度，也影响到整个浴室柜的质量。大品牌的浴室柜一般都会选择国内顶级或进口的五金配件，质量比较有保证，手感和密封性更佳。购买时可检查抽屉推拉是否顺滑，浴柜合页的开启度等
5	注意镀层	浴室柜五金件外表的镀层也不能忽视，普通产品镀层为20μm厚，可时间久了里面的材质还是易受空气氧化，因此尽量选择镀层为28μm厚的铜质镀铬五金件，这种五金件结构紧密、镀层均匀，不会轻易被氧化

8. 浴缸

浴缸的作用

浴缸一般供沐浴或淋浴之用,通常装置在家居浴室内。在挑选浴缸尺寸时,可以根据浴室的空间大小、卫浴洁具的风格等来决定。有老人和孩子的家庭,可以考虑边位较低的浴缸,方便使用。现在市面上的浴缸可以分为亚克力浴缸、铸铁浴缸、实木浴缸、钢板浴缸和按摩浴缸几种,在挑选时可以根据各种材料的特点进行选择。同时,也要根据浴室的空间大小、卫浴洁具的风格等来决定。

浴缸装设时要考虑边墙的支撑度,如支撑度不够,则会使墙面产生裂缝,进而渗水。浴缸安装后固矽胶固化需 24 小时,这段时间内不要使用浴缸,避免发生渗水情况。

▶ 亚克力浴缸线条圆润流畅,兼备实用与美观

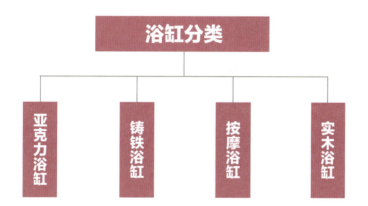

浴缸选购方法

序号	选购方法	简介
1	看深度	出水口的高度决定水容量的高度,一般满水容量在 230~320L,入浴时水要没肩。若卫生间长度不足,应选取宽度较大或深度较深的浴缸,以保证浴缸有充足的水量
2	注意裙边方向	对于单面有裙边的浴缸,购买时要注意下水口、墙面的位置,还需注意裙边的方向
3	依据空间大小选择	浴缸的大小要根据浴室的尺寸来确定,通常来说,三角形浴缸要比长方形浴缸多占空间

9. 淋浴房

在淋浴区与洗漱区中间安装一组玻璃拉门形成淋浴房，可以使浴室做到干湿分区，避免洗澡时脏水喷溅污染其他空间，使后期的清扫工作更简单、省力。安装淋浴房并不需要太大的空间，很多人都会忽略，但无论从健康角度还是安全角度都建议安装。

淋浴房的预埋孔位应在卫浴间未装修前就先设计好，已安装好供水系统和瓷砖的最好定做淋浴房。布线漏电保护开关装置等应该在淋浴房安装前考虑好，以免返工。敞开型淋浴房必须用膨胀螺栓与非空心墙固定。排水后，底盆内存水量不大于500g。淋浴房安装后，拉门和移门应相互平行或垂直，移门要开闭流畅。

▲ 一字形淋浴房造型简洁，不占空间

▲ 直角型淋浴房使淋浴空间最大化

淋浴房选购方法

序号	选购方法	简介
1	看玻璃质量	大多数的淋浴房都是使用钢化玻璃，其厚度至少要达到5mm，才能具有较强的抗冲击能力，不易破碎
2	看胶条封闭性	淋浴房的使用是为了干湿分区，因此防水性必须要好，密封胶条密封性要好，防止渗水
3	看铝材的厚度	合格的淋浴房铝材厚度一般在1.2mm以上，走上轨吊玻璃铝材需在1.5mm以上。铝材的硬度可以通过手压铝框测试，合格的铝材，成人很难用手压使其变形
4	看拉杆的硬度	淋浴房的拉杆是保证无框淋浴房稳定性的重要支撑，建议不要使用可伸缩的拉杆，其强度偏弱

10. 地漏

地漏是指地面与排水管道系统连接的排水器具,是连接排水管道系统与室内地面的重要接口,作为住宅中排水系统的重要部件,它的性能好坏直接影响室内空气的质量,对卫浴间的异味控制非常重要。

干区的地漏可以设置在不显眼的位置,因为地面不会有太多积水;而湿区比如淋浴区内,为了要保证下水通畅,所以不仅不能隐藏,还得让它低于地面 10mm 左右,可能不太好看。这时,就可以通过一些设计来进行装饰。比如,将地漏隐藏起来,在上面做一个悬空的金属镂空装饰,它与室内效果产生共鸣的同时,也能起到一个"二次过滤"的作用。或者,可将地漏周边的地面用马赛克铺贴出弯曲、倾斜的图案,这样的形状既漂亮又有利于加快水流速度。

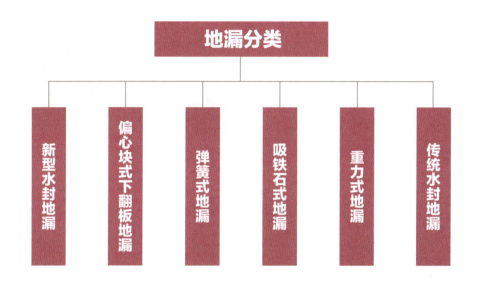

地漏选购方法

序号	选购方法	简介
1	看水封	选用时应了解产品的水封深度是否达到 50mm。侧墙式地漏、带网框地漏、密闭型地漏大多不带水封,对于不带水封地漏,应在地漏排出管配水封深度不小于 50mm 的存水弯;防溢地漏、多通道地漏大多数带水封,选用时应根据厂家资料具体了解清楚
2	查验箅子	地漏箅子面高低可调节,调节高度不小于 35mm,以确保地面装修完成后的地漏面标高和地面持平。地漏设防水翼环,是为了做好地漏安装在楼板时的防水要求
3	看构造	带水封地漏构造要合理、流畅,排水中的杂物不易沉淀下来;各部分的过水断面面积宜大于排出管的截面积,且流道截面的最小净宽不宜小于 10mm

九、门窗五金

1. 防盗门

防盗门是指配有防盗锁，在一定时间内可以抵抗一定条件下非正常开启，具有一定安全防护性能并符合相应防盗安全级别的门。它兼备防盗和安全的性能，防盗门上使用的锁具必须是经过公安部检测中心检测合格的带有防钻功能的防盗门专用锁。防盗门可以用不同的材料制作，但只有达到标准、检测合格、领取安全防范产品准产证的门才能称为防盗门。除此之外，防盗门还应该具备比较好的隔音性能，隔绝室外的声音。防盗门的安全性与其材质、厚度及锁的做工有关，隔音则取决于密封程度。

▲ 平开防盗门造型简单利落

防盗门选购方法

序号	选购方法	简介
1	看等级标准	防盗门安全级别可分为甲级、乙级、丙级和丁级，其中甲级防盗性能最高，乙级、丙级其次，丁级最低。我们在建材市场里看到的大部分都是丙级、丁级防盗门，比较适合一般家庭使用
2	查验钢板	国家规定，防盗门的钢板厚度要达到1mm，但是有些企业为了减少成本，仅用0.4mm的钢板，板薄就失去防盗的意义。消费者检验钢板时，可以按压门扇里的钢板，如果钢板被按下去，表明防盗门的质量不过关
3	查验下踏	将吸铁石放在下踏上，如果吸铁石吸住很难拿开，表明下踏材料不合格
4	检查工艺质量	应特别注意检查有无焊接缺陷，诸如开焊、未焊、漏焊等现象。看门扇与门框的配合是否密实，间隙是否均匀一致，开启是否灵活，所有接头是否密实，门板的表面应进行防腐处理，一般应为喷漆和喷塑，漆层表面应无气泡、色泽均匀，大多数门在门框上还嵌有橡胶密封条，关闭时不会发出刺耳的金属碰撞声
5	品牌保证	品牌是产品质量与服务的标志。品牌主要指产品品牌和经销商品牌，在市场上购买防盗门时，最好到正规的大型家居建材城购买。购买时还应该注意防盗门的"FAM"标志、企业名称、执行标准等内容，符合标准的门才能既安全又可靠

2. 实木门

实木门是指制作木门的材料为天然原木或者实木集成材。所选用的多是名贵木材，如樱桃木、胡桃木、柚木等，经加工后的成品门具有不变形、耐腐蚀、无裂纹及隔热保温等特点。

在选择实木门的颜色时，尽量选择与居室整体色调一致的色彩。比如当室内主色调偏浅时，可挑选白橡、桦木等浅色系木门；当室内主色调偏深时，可选择柚木、胡桃木等深色系木门。

▲ 深色系木门与衣柜呼应，使卧室更有整体感

安装实木门时门套对角线应准确，2m 以内允许公差 ≤ 1mm，2m 以上 ≤ 1.5mm；门套装好后，应三维水平垂直，垂直度允许公差 ≤ 2mm，水平平直度公差 ≤ 1mm；门套与门扇间的缝隙，下缝为 6mm，其余三边为 2mm，所有缝隙允许公差 ≤ 0.5mm；门套、门线与地面结合缝隙应小于 3mm，并用防水密封胶封合缝隙。

实木门选购方法

序号	选购方法	简介
1	听声音	用手轻敲门面，若声音均匀沉闷，则说明质量较好。一般木门的实木比例越高，这扇门就越沉
2	检查漆膜	从门斜侧方的反光角度，看表面的漆膜是否平整，有无橘皮现象，有无突起的细小颗粒
3	根据花纹判断真伪	如果是实木门，表面的花纹会非常不规则，如门表面花纹光滑整齐漂亮，往往不是真正的实木门

3. 实木复合门

实木复合门的门芯多以松木、杉木或进口填充材料等黏合而成，外贴密度板和实木木皮，经高温热压后制成，并用实木线条封边。实木复合门具有保温、耐冲击、阻燃等特性，而且隔音效果同实木门基本相同。

实木复合门安装时间一般在墙、地砖、地板等铺装后，且墙面的腻子已刮过两次，面漆已经刷过一次之后。实木复合门在安装时门套板与墙体间的缝隙一般会使用泡沫胶，这层泡沫胶一般需要5cm的间隙，以便泡沫胶纵向膨胀及通风固化。

▲ 去除复杂装饰的实木复合门更显清新自然

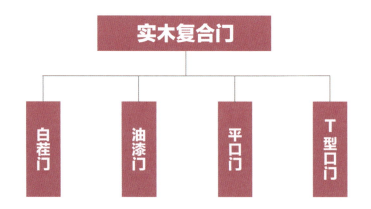

实木复合门选购方法

序号	选购方法	简介
1	看表面	板面应平整洁净、无节疤、无虫眼和裂纹，木纹应清晰美观
2	选门的颜色	木门应同家具的颜色接近，同窗套、垭口尽量保持一致，同墙面色彩要有对应性反差（如用混油白色的木门，最好让墙面漆带有色彩）
3	根据花纹判断真伪	如果是实木门，表面的花纹会非常不规则，如门表面花纹光滑、整齐、漂亮，往往不是真正的实木门

4. 模压门

模压门采用人造林的木材，经去皮、切片、筛选、研磨成干纤维，拌入酚醛胶作为黏合剂和石蜡后，在高温高压下一次模压成型。模压门板带有凹凸图案，实际上就是一种带凹凸图案的高密度纤维板。模压门的门扇要方正，不能翘曲变形，门扇要刚刚能塞进门窗框，并与门窗框相吻合。安装完后可以用手敲击门窗套侧面板，如果发出空鼓声，就说明底层没有基层板材，这样的门是不会坚固的，应拆除重做。

▲ 简单的白漆模压门也可以成为居室装饰亮点之一

模压门分类：实木贴皮模压门、三聚氰胺模压门、塑钢模压门

模压门选购方法

序号	选购方法	简介
1	关注隔声性能	要选择材质密实、结构坚固、使用安全的模压木门，才能有较好的隔声、耐冲击性能
2	了解内框质量	贴面板与框体连接应牢固，无翘边、无裂缝。内框横、竖龙骨排列符合设计要求，安装合页处应有横向龙骨
3	检查表面	用手摸门的边框、面板、拐角处，要求无毛刺感；站在门的侧面迎光处看门板的油漆面是否有凹凸波浪

5. 玻璃推拉门

玻璃推拉门既能够分隔空间，还能够保障光线的充足，同时隔绝一定的音量，而拉开后两个空间便合二为一，且不占空间，现在多数家庭中都有玻璃推拉门的身影，玻璃推拉门最应注意的是玻璃的使用安全，特别有孩子的家庭不能留下安全隐患。

正常门的尺寸是 800mm×2000mm 左右，如果在高于 2000mm 的高度下做推拉门，最好将门的宽度缩窄，以此保持门的稳定和使用安全。玻璃推拉门上部的轨道盒尺寸要保证在高 120mm，宽 90mm，选择做推拉门时，高度最少要在 2070mm 以上。

▲ 磨砂玻璃推拉门既保证了隐私性又令客厅充满了阳光的活力

▲ 玻璃推拉门令卧室光线更舒适

玻璃推拉门选购方法

序号	选购方法	简介
1	听滑轮声音	好的上滑轮结构相对复杂，不但内有轴承，而且还有铝块将两轮固定，使其定向平稳滑动，几乎没有噪声
2	看型材断面	高品质推拉门的型材用纯铝或新铝制成，坚韧程度上有很大的优势，而且厚度均能达到 1mm 以上，而品质较低的型材为再生铝，坚韧度和使用年限就降低了
3	挑轨道高度	地轨设计的合理性直接影响产品的使用舒适度和使用年限，因此，选购时应选择脚感好，且利于清洁卫生的款式，同时，为了家中老人和小孩的安全，地轨高度以不超过 5mm 为好
4	用手推拉	推拉门在滑动时并不是越滑越轻就越好，玻璃推拉门实际上在滑动时可以感受到一定的重量，推拉顺滑而没有震动，这个才是高品质推拉门的使用效果
5	选安全玻璃	注意要选用安全玻璃，最好选择用钢化玻璃，安全系数高。另外，玻璃的外表应该通透明亮，没有明显杂质

6. 百叶窗

百叶窗以叶片的凹凸方向来阻挡外界视线，采光的同时，阻挡了由上至下的外界视线。叶片的凸面向室内的话，影子不会映显到室外且清洁方便。百叶窗美观节能，简洁利落。采用了隔热性好的材料，能有效保持室内温度，达到了节省能源的目的。通过角度自由调整，可以任意调节叶片至最适合的位置，控制射入光线。平时只需以抹布擦拭即可。在遮阳方面，百叶窗除了可以抵挡紫外线辐射之外，还能调节室内光线。

暗装在窗棂格中的百叶窗，长度应与窗户高度相同，宽度要比窗户两边各小10~20mm。若百叶窗明挂在窗户外面，那么其长度应比窗户高度长约100mm，宽度比窗户两边各宽50mm左右。

▲ 百叶窗既能够透光又能够保证室内的隐私性，开合方便，很适合大面积的卧室窗户

百叶窗选购方法

序号	选购方法	简介
1	观察颜色	叶片、所有的配件（包括线架、调节棒、拉线、调节棒上的小配件等）都要保持颜色一致
2	检查光洁度	用手感觉叶片与线架的光滑度，质量好的百叶窗产品光滑平整，无扎手之感
3	测试开合功能	转动调节棒打开叶片，各叶片间应保持良好的水平度，即各叶片间的间隔距离匀称，各叶片保持平直，无上下弯曲之感。当叶片闭合时，各叶片间应相互吻合，无漏光的空隙
4	检查抗变形度	叶片打开后，可用手用力下压叶片，使受力叶片下弯，然后迅速松手，如各叶片迅即恢复水平状态，无弯曲现象出现，则表明质量合格
5	测试自动锁紧功能	当叶片全部闭合时，拉动拉线，即可卷起叶片。此时向右扯拉线，叶片应自动锁紧，保持相应的卷起状态，既不继续上卷，也不松脱下滑。否则的话，该锁紧功能就有问题

7. 气密窗

气密窗窗框经特殊设计，并以塑胶垫片与气密压条与窗扇之间间隙紧密接缝，可产生良好气密性；另外，透过厚玻璃或夹胶玻璃、中空玻璃，能达到更好的声音隔绝效果。气密窗应用范围非常广泛，它除了断桥铝的框架外，大部分为玻璃，所以玻璃的厚度及结构影响窗的隔声和保温性能。

气密窗与传统窗户比起来，能更有效降低噪音、风切声，且窗框采用阶梯式的排水结构设计，下大雨时不用担心雨水滞留、回流的问题，同时也可调节室内外温差造成的结露状况。

▲ 小巧的气密窗可以降低噪音，保温保湿

8. 门锁

家居中只要带门的空间，都需要门锁，入户门锁常用户外锁，是家里家外的分水岭。门锁能够将空间完全独立，避免外人进入，是保证隐私性的关键。

门锁一般分为球形门锁、插芯执手锁和玻璃门锁。现在室内门多用的是第二种，通常是与把手成套购买的。其中通道锁起着门拉手的作用，没有保险功能，适用于厨房、过道、客厅、餐厅及儿童房；浴室锁的特点是在里面能锁住，在门外用钥匙才能打开。

▲ 不锈钢执手锁搭配白色门，简单大方

门锁选购方法

序号	选购方法	简介
1	因门选锁	选择锁具时，首先要注意选择与自家门开启方向一致的锁，这样可使开关门更方便。其次要注意门框的宽窄，一般情况下，球形锁和执手锁不能安在小于90mm的门上，门周边骨架宽度在90mm以上、100mm以下的应选择普通球形锁60mm锁舌，100mm以上的，可选用大挡盖即70mm锁舌的锁具，另外，门的厚度与锁具是否匹配也是一个重要选项
2	检查耐磨度	与耐磨度相关联的是门锁的材质。在材质的选择上可采用"看"、"掂"、"听"的方法来掌握。看其外观颜色，纯铜制成的锁具一般都经过抛光和磨砂处理，与镀铜相比，色泽要暗，但很自然。掂其分量，纯铜锁具手感较重，而不锈钢锁具明显较轻。听其开启的声音，镀铜锁具开启声音比较沉闷，不锈钢锁具的开启声音很清脆
3	看手感	门锁的手感是由弹簧决定的，弹簧的好坏决定使用时的手感和使用寿命。弹簧不好，容易造成把手下垂，缩短门锁寿命。选购时要亲自试一试门锁弹簧的韧度，好的弹簧带来的手感是十分柔和的，不会太软也不会太硬
4	检查镀层	在选购过程中还要看门锁的镀层，也就是考虑门锁的把手是否会掉色。一般来说，好的门锁的保护层，也就是镀层不会被轻易氧化和磨损。门锁把手的镀层关系到居室整体的美观，因而这一点也不容忽视

9. 门吸

门吸也俗称门碰，也是一种门页打开后吸住定位的装置，以防止风吹或碰触门页而关闭。门吸分为永磁门吸和电磁门吸二种，永磁门吸一般用在普通门中，只能手动控制；电磁门吸用在防火门等电控门窗设备，兼有手动控制和自动控制功能。电磁门吸的使用寿命可达几十年甚至上百年，与采用永磁铁的普通门吸手控特点不同，它可以现场手控和远程电控，所以被广泛应用于建筑智能门控设施中。

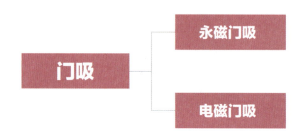

门吸的安装并不复杂，一般有几个方面要注意：首先是要确定门吸的安装方式，选择安装在地面还是墙面，之后决定安装尺寸，看需要留出多少空间；注意不要将门吸安装在踢脚板上，否则容易导致踢脚板在吸力太强和长久使用的情况下剥离墙体；要先将门完全打开，看门锁、门板会不会碰撞墙面或其他物体，然后测量门吸的准确位置。

门吸选购方法

序号	选购方法	简介
1	选择正规厂家	在选购时应特别注意商家的资质、信用或者商誉，尽可能选择大品牌厂家，避免上当受骗，买到劣质产品
2	看材质	高质量的门吸大都为不锈钢材质，这种材质的门吸具有坚固耐用、不易变形的特点。在选购门吸产品时，注意一下门吸的外观造型、制造工艺以及减震簧的韧度，尽量购买造型敦实、工艺精细、减震韧性较高的产品
3	看适用度	选购门吸时还要注意一下门吸的适用度。如果门吸安装在墙体上，就要注意门吸上方有无暖气、储物柜等具有一定厚度的物品，如果有则需要换个地点安装门吸或安装比较长的门吸产品，否则，即使安装了门吸也很有可能无法使用

第三章 施工工艺

施工工艺的好坏与业主家居生活的舒适性及安全息息相关。了解基本的施工种类与工艺，弄清各个工艺的流程与要点，可以让业主在装修过程中就能够发现问题，减少日后返工的概率，大大节省精力与预算。

一、施工流程

1. 家居装修流程

家居装修流程大体上从水电施工，到阳台、厨卫间地面和墙面防水工作，做完防水处理后做保护，再铺贴瓷砖。接着便是卧室、客厅、餐厅、书房刷墙和地板铺设，最后便是门窗、厨卫、灯具和家具的安装。

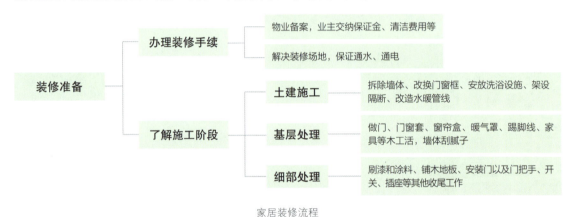

家居装修流程

2. 家居空间的装修项目

家居空间如客厅与卧室、厨房与餐厅、书房与卫生间，由于它们的功能不同，导致使用的装修方式也有所不同，因此要了解不同家居空间的装修项目也是家居装修的重要内容之一。

3. 不同工种的上场顺序

装修工种上场的基本次序为：水电工、瓦工（负责敲墙砌墙，是小工）、瓦工（负责贴砖，是大工）、木工、漆工、水电工。实际上这些工种的工作之间存在着交叉，因此在实际装修过程中需要注意协调，但是大致应该遵守这样的次序。

第三章 施工工艺

、基础改造与水电施工

1. 户型改造

　　户型改造的原则就是"功能第一、形式第二"。从根本上来讲，户型改造的原则其实也很简单：在不改动房屋承重结构的基础上，增强空间功能性与舒适性的结合。比如，原有房屋的客厅小，卧室大，可以将卧室隔墙内缩，从而放大客厅面积；原有房屋的过道长而窄，可以通过改变原有功能空间的办法，将过道消除。

　　需要进行改造的户型，大多是因为原有的户型不合理。有些户型设计本来就差，原有住房设计理念的落后导致户型分区不合理，比如客厅过小，卧室太大，在实际使用中会有诸多不便；有些户型虽然原本还不错，但不能满足住户的具体需要，这一点主要是因为居住个体的差异性所导致的。

▲ 合理的户型改造可以将空间利用到最大化

2. 墙和门窗拆改

  如果原有门窗无论从位置、形式、材料上自己都不满意,这种情况下,业主在装修时可以将其拆除后,重新安装新的门窗,以此来改善房屋的整体效果。如果原有门窗的功能布局、造型特点以及所用的材料都还不错,而且保护得也较好,则大可不必拆除重做,可以选择只对门窗进行重新涂刷等方法,改变其外观效果即可。相对而言,保留原有门窗结构,可以节约一笔相当可观的费用支出。

  若门窗已经无法保留,需要拆除重做,在拆除门窗时一定要注意保护好房屋的结构不被破坏。尤其是对于房屋外轮廓上的门窗,此类门窗所在的墙一般都属于结构承重墙,原来装修做门窗时,通常会在门窗洞上方做一些加固措施,以此来保证墙体的整体强度。在拆除此类门窗时,必须要谨慎仔细,不可大范围进行破坏拆除。否则一旦损坏了墙体的结构,会对房屋的安全性造成破坏,影响其使用寿命。

▲ 拆除门窗时要注意保证房屋的结构不被破坏

3. 水电改造

房屋中原有的水路管线往往有许多不合理的布局，在装修时一定要对原有的水路进行彻底检查，看其是否锈蚀、老化。如果原有的管线使用的是已被淘汰的镀锌管，在施工中必须将其全部更换为铜管、铝塑复合管或 PP-R 管。

由于目前一些开发商对于房屋的初装不够重视，普遍存在电路分配简单、电线质量不高、违章布线等现象，完全不能满足现代家庭的用电需求，对于这样的情况，在装修时必须彻底改造，重新布线。

▲ 水电改造要提前确定水电点位

如果发现原有线路使用的是铝质电线，则必须将其全部更换成 2.5mm² 截面的铜质电线。而对于安装空调等大功率电器的线路，则应单独设置一条 4mm² 截面的线路，并且必须在埋线时使用 PVC 绝缘护线管。

4. 旧房拆改

旧房普遍存在电路分配简单、电线老化、违章布线等现象，已不能适应现代家庭的用电需求，所以在装修时必须彻底改造，重新布线。以前电路多用铝线，建议更换为铜线，并且要使用 PVC 绝缘护线管。安装空调等大功率电器的线路要单独走线。

砸墙砖及地面砖时，避免碎片堵塞下水道；只有表层厚度达到 4mm 的实木地板、实木复合地板和竹地板才能进行翻新。此外，局部翻新还会造成地板间的新旧差异，因此不能盲目对地板进行翻新。

▲ 旧房改造要避免为了扩大空间而打掉承重墙

5. 水路施工

在进行水路施工之前要先确认已收房验收完毕。在空房内模拟一下今后的日常生活状态，与施工方确定基本装修方案，确定墙体有无变动，家具和电器摆放的位置。同时确认楼上住户卫生间已做过闭水实验。确定橱柜安装方案中清洗池上下出水口位置、卫生间面盆、坐便器、淋浴区（包括花洒）和洗衣机位置，确定是否安放浴缸和墩布池，提前确定浴缸和坐便器的规格。

水管布管施工

马桶排污管距离

水管打压测试

水管封槽

水路施工项目

序号	项目	施工说明
1	画线	根据设计图纸在墙面或地面画出走线的准确位置
2	开槽	凿开穿管所需的孔洞和暗槽
3	下料	根据设计图纸为 PP-R 给水管和 PVC 排水管量尺下料
4	预埋	管路支托架安装和预埋件的预埋
5	预装	组织各种配件预装
6	检查	检查调整管线的位置、接口、配件等是否安装正确
7	安装	经过热熔、胶接正式安装
8	调试	给水试压、安装调整
9	修补	修补孔洞和暗槽，与墙地面保持一致
10	备案	完成水路布线图，备案以便业主日后维修使用

6. 电路施工

电路施工中弱电宜采用屏蔽线缆,二次装修线路布置也需要重新开槽布线,大多强弱电只能从地面走管,而且强弱电管交叉、近距离并行等情况很常见。电路走线设计原则要把握"两端间最短距离走线"原则,不故意绕线,保持相对程度上的"活线"。原则上如果开发商提供的强电电管是 PVC 管,二次电路改造时宜采用 PVC 管,不宜采用 JDG 管(套接紧定式镀锌钢导管),否则很难实现整体接地连接,从而留下隐患。如果原开发商提供的强电电管本身就是 JDG 管,则两种管材均可使用。

穿线管布管

配电箱电线分布

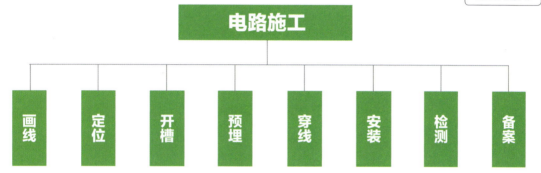

电路施工项目

项目	施工说明
画线	根据设计图纸在墙面、地面或顶面画出走线的准确位置,画线要横平竖直
定位	定位放线,确定线路终端插座、开关、面板的位置
开槽	在顶、墙、地面开线槽,墙面不要横向开槽,要横平竖直
预埋	埋设暗盒及敷设 PVC 电线管,线管连接处用直接,弯处直接窝 90°
穿线	单股线穿入 PVC 管,要用分色线,一般用 2.5mm² 铜线,空调用 4mm² 铜线,接线为左零右火上地
安装	安装开关,面板,各种插座,强弱电箱和灯具
检测	通电检测,检查电路是否通顺,如果要检测弱电有无问题,可直接用万用表检测是否通路
备案	完成电路布线图,备案,以便业主日后维修使用

7. 防水施工

通常家居中卫浴室、厨房、阳台的地面和墙面，一楼住宅的所有地面和墙面，地下室的地面和所有墙面都应进行防水防潮处理。施工前要先进行闭水试验，以此检验室内防水质量，封好门口及下水口，在室内蓄满水达到一定液面高度，24小时内液面若无明显下降，即为合格。闭水试验完成后，便可继续下一项施工。

主卫刷防水技巧

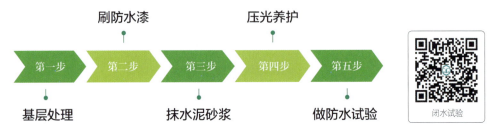
刚性防水施工流程

完成好闭水试验后，应先对基层进行处理。去除原有装饰材料，把浮土、水泥清理干净，要求表面平整、干燥。地面、墙面一定要先用水泥砂浆将地面找平，再做防水处理。厨房、卫生间的上下水管一律做好水泥护根，从地面起向上刷10~20cm的聚氨酯防水涂料，然后地面再重做聚氨酯防水，加上原防水层，组成复合性防水层，以增强防水性。

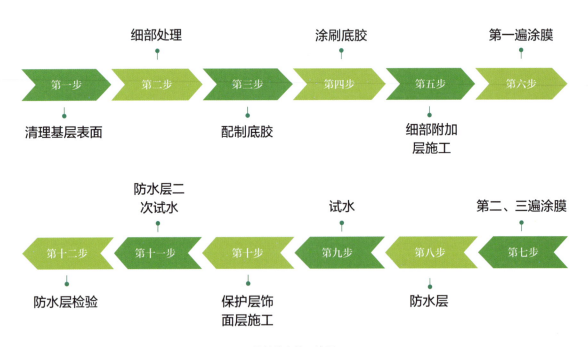
柔性防水施工流程

三、隔墙与吊顶施工

1. 骨架隔墙

骨架隔墙也称龙骨隔墙，主要用木料或钢材构成骨架，再在两侧做面层。简单说是指在隔墙龙骨两侧安装面板以形成的轻质隔墙。骨架分别由上槛、下槛、竖筋、横筋（又称横档）、斜撑等组成。竖筋的间距取决于所用材料的规格，再用同样的断面的材料在竖筋间沿高度方向，按板材规格设定横筋，两端撑紧、钉牢，以增加稳定性。通常用的面层材料有纤维板、纸面石膏板、胶合板、钙塑板、铝塑板、纤维水泥板等轻质薄板。面板和骨架的固定方法，可根据不同材料，采用钉子、膨胀螺栓、铆钉、自攻螺丝或金属夹子等。

轻钢龙骨是用镀锌钢带或薄钢板轧制经冷弯或冲压而成的。墙体龙骨由横龙骨、竖龙骨及横撑龙骨和各种配件组成，有 50、75、100 和 150 四个系列。

木龙骨，通俗点讲就是木条。一般来说，只要是需要用骨架进行造型布置的部位，都有可能用到木龙骨。

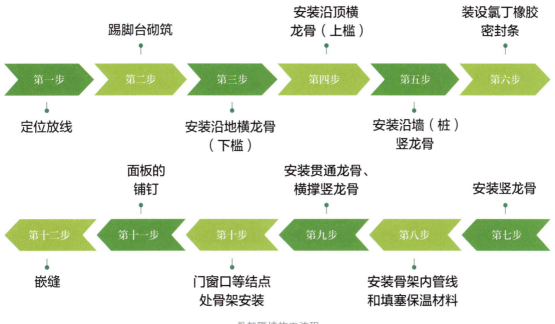

骨架隔墙施工流程

2. 板材隔墙

板材隔墙是指轻质的条板用黏结剂拼合在一起形成的隔墙。由于板材隔墙是用轻质材料制成的大型板材，施工中直接拼装而不依赖骨架，因此它具有自重轻、安装方便、施工速度快、工业化程度高的特点。目前多采用条板，如加气混凝土条板、石膏条板、炭化石灰板、石膏珍珠岩板以及各种复合板。条板厚度大多为60～100mm，宽度为600～1000mm，长度略小于房间净高。安装时，条板下部先用一对对口木楔顶紧，然后用细石混凝土堵严，板缝用黏结砂浆或黏结剂进行黏结，并用胶泥刮缝，平整后再做表面装修。

泰柏板、GRC板隔墙施工流程

石膏复合板隔墙施工流程

石膏空心条板隔墙施工流程

3. 砖砌隔墙

隔墙砌筑施工

目前，国家严格限制普通黏土砖的使用，而且家居装修中隔墙都是非承重墙，通常情况下，砖砌隔墙采用空心和多孔砖（砌块）较为适宜。

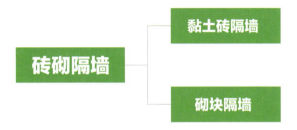

黏土砖隔墙

这种隔墙是用普通黏土砖、黏土空心砖顺砌或侧砌而成。因墙体较薄，稳定性差，因此需要加固。对顺砌隔墙，若高度超过3m，长度超过5m，通常每隔5~7个砖，在纵横墙交接处的砖缝中放置两根$\phi 4$的锚拉钢筋。在隔墙上部和楼板相接处，应用立砖斜砌。当墙上设门时，则要用预埋铁件或木砖将门框拉结牢固。

砌块隔墙

又称为超轻混凝土隔断。它是用比普通黏土砖体积大、堆密度小的超轻混凝土砌块砌筑的。常见的有加气混凝土、泡沫混凝土、蒸养硅酸盐砌块、水泥炉渣砌块等。加固措施与砖隔墙相似。采用防潮性能差的砌块时，宜在墙下部先砌3~5皮砖厚墙基。

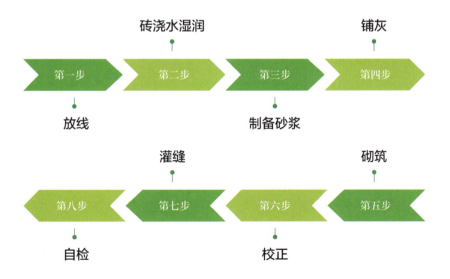

砖墙隔墙施工流程

4. 玻璃砖隔墙

玻璃隔墙主要分为玻璃砖隔墙、有框落地玻璃隔墙和无竖框玻璃隔墙三种。所使用的主要材料有：玻璃砖、平板玻璃、钢化玻璃、夹层玻璃等。

玻璃砖

玻璃砖又称特厚玻璃，是用透明或颜色玻璃料压制成形的块状或空心盒状，是体形较大的玻璃制品。其品种主要有玻璃空心砖、玻璃实心砖，马赛克不包括在内。多数情况下，玻璃砖并不作为饰面材料使用，而是作为结构材料，作为墙体、屏风、隔断等类似功能使用。具有隔声、防噪、隔热、保温等特点。

厚平板玻璃

厚平板玻璃也称白片玻璃或净片玻璃，具有良好的透视、透光性能，对太阳辐射中近红外射线的透过率较高，但对可见光甚至室内墙顶地面和家具、织物反射的远红外长波射线却能有效阻挡，故可产生明显的"暖房效应"。厚平板玻璃具有隔声和一定的保温性能，通常情况下，对酸、碱、盐、化学试剂及气体有较强的抵抗能力，但其热稳性较差，急冷急热易发生爆裂。

> 厚平板玻璃具有较高的化学稳定性，通常情况下，对酸、碱、盐、化学试剂及气体有较强的抵抗能力，但长期侵蚀介质的作用也会导致质变和破坏，如玻璃的风化和发霉都会导致外观的损坏和透光能力的降低。

钢化玻璃

钢化玻璃又称强化玻璃，属于安全玻璃。钢化玻璃其实是一种预应力玻璃，为提高玻璃的强度，通常使用化学或物理的方法，在玻璃表面形成压应力，玻璃承受外力时首先抵消表层应力，从而提高了承载能力，增强玻璃自身抗风压性、耐寒暑性、耐冲击性等。其抗弯曲强度、耐冲击强度比普通玻璃高3～5倍。

> 钢化玻璃承载能力增大，改善了其易碎性质，钢化玻璃即使破坏也呈无锐角的小碎片，对人体的伤害极大地降低了。钢化玻璃的耐急冷急热性质较之普通玻璃有3~5倍的提高，一般可承受250℃以上的温差变化，对防止热炸裂有明显的效果。

夹层玻璃

夹层玻璃是由两片或多片玻璃，之间夹一层或多层有机聚合物中间膜，经过特殊的高温预压（或抽真空）及高温高压工艺处理后，使玻璃和中间膜永久黏合为一体的复合玻璃产品。玻璃即使碎裂，碎片也会被粘在薄膜上，破碎的玻璃表面仍保持整洁光滑。这就有效防止了碎片扎伤和穿透坠落事件的发生，确保了人身安全。

玻璃砖墙隔墙施工流程

5. 墙面抹灰

墙面抹灰，是指在墙面上抹水泥砂浆、混合砂浆、白灰砂浆面层工程。抹灰工程所使用的主要材料有水泥、中砂、石灰膏、生石灰粉、胶黏剂、外加剂、水等。水泥应使用强度等级为32.5级及以上的矿渣水泥或普通水泥；中砂的平均粒径为0.35～0.5mm，颗粒要求坚硬洁净，不得含有黏土、草根、树叶等杂质；石灰膏应用块状生石灰淋制，淋制时使用的筛子孔径不得大于3mm×3mm；生石灰粉使用前应用水泡透使其充分熟化，熟化时间不少于3天。

墙面批灰防开裂

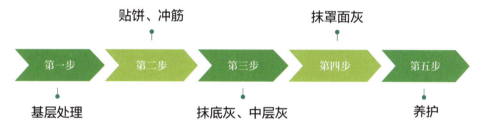

墙面抹灰施工流程

墙面挂网

墙面抹灰准备工作

序号	种类	简介
1	做灰饼	按照基层表面平整、垂直情况，进行吊垂直线，拉墙面统长线，必须阴阳角方正，经检查确定抹灰厚度，但最薄处不应少于7mm，最厚处不超过20mm。灰饼宜用1∶3水泥砂浆做成3cm见方形状。做灰饼时沿高度范围内在平顶下及楼面上各30cm处各做一道灰饼，中间再做一道灰饼
2	护角	墙、柱和门洞的阳角，应用1∶2水泥砂浆打底与灰饼找平，待砂浆稍干后再抹成小角。每侧宽度不宜大于5cm。所有护角必须方正、顺直。门洞尺寸统一每侧缩小15mm
3	清洁	混凝土表面油污、油漆等在抹灰前用钢丝刷刷净，混凝土表面刷一道界面剂，对外墙上的螺杆洞必须用水泥砂浆嵌密实

6. 吊顶施工

木作吊顶封石膏板

吊顶施工根据不同的造型设计、不同的材料使用，可产生多种的施工方式。常规的吊顶如轻钢龙骨吊顶、木龙骨吊顶、厨卫空间的集成吊顶、PVC 扣板吊顶等，分别有不同的施工技巧。

龙骨架设

龙骨架设是指在房屋装修过程中所进行的龙骨的造型、安装、龙骨表层修饰等分项工程。主要施工环节有主副龙骨安装、石膏板固定、石膏板表层装饰等。

① 龙骨架设工期：龙骨架设工期视龙骨架设实际工程量而定，一般中小户型工期应在 5～10 天。

② 主龙骨：主龙骨是指在吊顶中的主要承重龙骨。主龙骨的主要作用是承受吊顶的主要重力，并为副龙骨的架设提供受力面。

③ 副龙骨：副龙骨指在吊顶承重上分散承重的龙骨。副龙骨的主要作用是分散吊顶承重受力面，并为石膏板的安装提供受力面。

④ 石膏板固定：石膏板是指材质为石膏的吊顶装饰材料，石膏板的固定是指将石膏板按照龙骨造型进行架设、安装和固定。

⑤ 石膏板表层装饰：石膏板表层装饰是指对已完成安装的石膏板进行表层处理，一般包括石膏板之间缝隙的处理；石膏板表层螺钉裸露部分的防水处理；石膏板表层腻子、乳胶漆的涂刷等。

吊顶施工基本要求

① 如果吊顶不顺直等质量问题较严重，就一定要拆除返工。如果情况不是十分严重，则可利用吊杆或吊筋螺栓调整龙骨的拱度，或者对于膨胀螺栓或射钉的松动、脱焊等造成的不顺直，采取补钉、补焊的措施。

② 如果木龙骨吊顶龙骨的拱度不均匀，可利用吊杆或吊筋螺栓的松紧调整龙骨的拱度。如果吊杆被钉劈而使节点松动时，必须将劈裂的吊杆更换。如果吊顶龙骨的接头有硬弯时，应将硬弯处的夹板起掉，调整后再钉牢。

施工注意事项

① 现在室内装修吊顶工程中，大多采用的是悬挂式吊顶，首先要注意材料地选择；再者就要严格按照施工规范操作，安装时必须位置正确，连接牢固。用于吊顶、墙面、地面的装饰材料应是不燃或难燃的材料，木质材料属易燃型材料，因此要做好防火处理。吊顶里面一般都要敷设照明、空调等电气管线，所以应严格按规范作业，以避免产生火灾隐患。

② 卫浴是沐浴洗漱的地方，厨房要烧饭炒菜，尽管安装了抽油烟机和排风扇，但仍然无法把蒸汽全部排掉，易吸潮的饰面板或涂料就会出现变形和脱皮的现象。因此要选用不吸潮的材料，一般宜采用金属或塑料扣板，如采用其他材料吊顶应采用防潮措施，如刷油漆等。

③ 用色彩丰富的彩花玻璃、磨砂玻璃做吊顶很有特色，在家居装饰中应用也越来越多，但是如果用料不当，很容易发生安全事故。为了使用安全，在吊顶和其他易被撞击的部位应使用安全玻璃，目前，我国规定钢化玻璃和夹胶玻璃为安全玻璃。

7. 轻钢龙骨石膏板吊顶

轻钢龙骨吊顶,就是我们经常看到的天花板,特别是造型天花板,都是用轻钢龙骨做框架,然后覆上石膏板做成的。它的特点就是比较轻,但是强度又很大。

吊顶刮腻子

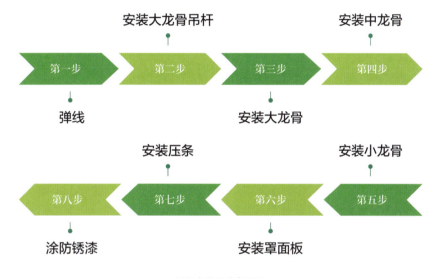

轻钢龙骨石膏板吊顶

施工注意事项

① 首先应在墙面弹出标高线、造型位置线、吊挂点布局线和灯具安装位置线。在墙的两端固定压线条,用水泥钉与墙面固定牢固。依据设计标高,沿墙面四周弹线,作为顶棚安装的标准线,其水平允许偏差为 ±5mm。

② 遇藻井式吊顶时,应从下固定压条,阴阳角用压条连接。注意预留出照明线的出口。吊顶面积大时,应在中间铺设龙骨。

③ 吊点间距应当复验,一般不上人吊顶为 1200~1500mm,上人吊顶为 900~1200mm。

▲ 吊顶时应在安装饰面板时预留出灯口位置

④ 木龙骨安装要求保证没有劈裂、腐蚀、虫眼、死节等质量缺陷;规格为截面长 30~40mm,宽 40~50mm,含水率低于 10%。

⑤ 采用藻井式吊顶时,如果高差大于 300mm,则应采用梯层分级处理。龙骨结构必须坚固,大龙骨间距不得大于 500mm。龙骨固定必须牢固,龙骨骨架在顶、墙面都必须有固定件。木龙骨底面应抛光刮平,截面厚度一致,并应进行阻燃处理。

8. 木骨架罩面板吊顶

木骨架罩面板中木材骨架料应为烘干，无扭曲的红白松树种，不得使用黄花松。木龙骨规格按设计要求，如设计无明确规定时，大龙骨规格为50mm×70mm 或 50mm×100mm，小龙骨规格为50mm×50mm 或 40mm×60mm，吊杆规格为50mm×50mm 或 40mm×40mm。罩面板材及压条：按设计选用，严格掌握材质及规格标准。

木龙骨防腐处理

木骨架罩面板吊顶

施工注意事项

① 木骨架的制作应准确测量顶面尺寸。

② 龙骨应进行精加工，表面刨光，接口处开槽，横、竖龙骨交接处应开半槽搭接，并应进行阻燃剂涂刷处理。

③ 面板安装前应对安装完的龙骨和面板板材进行检查，板面平整，无凹凸，无断裂，边角整齐。安装饰面板应与墙面完全吻合，有装饰角线的可留有缝隙，饰面板之间接缝应紧密。

木骨架罩面板吊顶施工条件

序号	施工条件
1	顶面各种管线及通风管道均安装完毕并办理手续
2	直接接触结构的木龙骨应预先刷防腐漆
3	吊顶房间需完成墙面及地面的湿作业和台面防水等工程
4	搭好吊顶施工操作平台架

四、涂饰施工

墙面漆材料及工艺

1. 木作清漆施工

木作清漆粉刷后，会在表面形成透明的保护膜，可能会带一点颜色，更多的是无色，涂刷完毕后能够呈现木材的纹路和色彩，业主可以根据实际需求选择不同光泽度的家具。同时木作清漆还能阻止污物及水直接进入木材纤维中，减少木材水分散失。

木作清漆施工流程

施工注意事项

① 打磨基层是涂刷清漆的重要工序，应首先将木器表面的尘灰、油污等杂质清除干净。

② 上润油粉也是清漆涂刷的重要工序，施工时用棉丝蘸油粉涂抹在木器的表面上，用手来回揉擦，将油粉擦入到木材的孔眼内。

③ 涂刷清油时，手握油刷要轻松自然，手指轻轻用力，以移动时不松动、不掉刷为准。

④ 涂刷时要按照蘸次多、每次少蘸油、操作时勤，顺刷的要求，依照先上后下、先难后易、先左后右、先里后外的顺序和横刷竖顺的操作方法施工。

▲ 涂刷时要按照蘸次多、每次少蘸油的方法

⑤ 基层处理要按要求施工，以保证表面油漆涂刷质量，清理周围环境，防止尘土飞扬。油漆都有一定毒性，对呼吸道有较强的刺激作用，施工时一定要注意做好通风。

2. 木作色漆施工

第一遍刮腻子时要待涂刷的清油干透后将钉孔、裂缝、节疤以及残缺处用石膏油腻子刮抹平整。待腻子干透后，用 1 号砂纸打磨，打磨方法与底层打磨相同，但注意不要磨穿漆膜并保护好棱角，不留松散腻子痕迹。打磨完成后应打扫干净并用潮湿的布将打磨下来的粉末擦拭干净。待腻子干透后，用 1 号以下砂纸打磨。待第一遍涂料干透后，对底腻子收缩或残缺处用石膏腻子刮抹一次。

混油喷漆细节

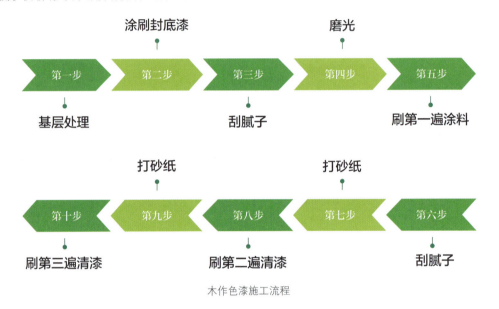

木作色漆施工流程

施工注意事项

① 基层处理时，除清理基层的杂物外，还应进行局部的腻子嵌补，打砂纸时应顺着木纹打磨。

② 在涂刷面层前，应用漆片（虫胶漆）对有较大色差和木脂的节疤处进行封底。应在基层涂干性油或清油，涂刷干性油层要所有部位均匀刷遍，不能漏刷。

③ 底子油干透后，满刮第一遍腻子，干后以手工砂纸打磨，然后补高强度腻子，腻子以挑丝不倒为准。涂刷面层油漆时，应先用细砂纸打磨。

④ 基层处理应按要求施工，以保证表面油漆涂刷质量，清理周围环境，防止尘土飞扬。油漆都有一定毒性，对呼吸道有较强的刺激作用，施工时一定要注意做好通风。

木器漆打磨

▲ 木作色漆施工

3. 薄涂料施工

墙面薄涂料施工主要材料有内墙涂料、腻子、水、稀释剂等。常用的工具有橡皮刮板、钢皮刮板、腻子托板、砂纸、棕刷、排笔、棉丝、高马凳、笤帚、大桶、空气压缩机、高压喷涂机、喷枪、喷斗、搅拌机等。在刷涂时可以根据涂料的黏度大小选用宽排笔或棕刷。当涂料的黏度较大时宜采用棕刷,当黏度较小时宜采用排笔刷涂。使用前应将活动的刷毛或笔毛清理掉。涂料使用前应搅拌均匀并适当稀释,以防止头遍涂料刷涂时拉不开笔。

薄涂料施工流程

施工注意事项

① 涂刷界面剂属于墙面基层处理,这是墙面涂刷时不可缺少的一个技术环节,直接影响到腻子的黏结性能,因此,在做墙面涂刷时,必须要刷界面剂。

② 涂装前应将涂料搅拌均匀,并视具体情况兑水,总水量一般在 10%~20%。稀释后使用,一般刷涂两遍,两遍之间的间隔不少于 2 小时。

③ 混凝土基层养护时间宜在 28 天以上,砂浆宜在 7 天以上,砂浆补洞的宜在 3 天以上,含水率控制在 10% 以内,混凝土或砂浆的配合比应相同。

④ 基层养护时间应符合要求,表面须干燥、干净;按涂料出厂说明书的要求进行稀释,不得随意加水。使用时应注意搅拌均匀,防止沉淀;选择质量好的涂料;施工温度应在 10℃以上。

▲ 薄涂料施工

4. 墙面乳胶漆施工

乳胶漆底漆滚涂

乳胶漆施工一般会采用辊涂和机器喷涂两种工艺，辊涂工艺在北方地区较为普遍。对于采用喷涂施工的墙体来说，表面确实是越光滑越好，但是对于辊涂来说却不是。采用辊涂的墙面，正常来说都会留有辊花印，如果辊涂后的墙面看起来非常光滑，实际上是漆中加水过多造成的。漆中加水过多会降低漆的附着力，容易出现掉漆问题，同时加水过多会致使漆的含量减少，表面漆膜比较薄，就不能很好地保护墙面，也让漆的弹性下降，难以覆盖腻子层的细小裂纹。对于使用辊涂工艺处理的乳胶漆墙面，不要追求表面非常光滑的效果，建议采用中短毛的羊毛辊筒来施工，这样墙面的辊花印看起来会比较细致，只要辊花印看起来比较均匀就是符合要求的。

墙面乳胶漆施工流程

施工注意事项

① 基层处理是保证施工质量的关键环节，其中保证墙体完全干透是最基本条件，一般应放置10天以上。墙面必须平整，最少应满刮两遍腻子，至满足标准要求。

② 乳胶漆涂刷的施工方法可以采用手刷、辊涂和喷涂。涂刷时应连续迅速操作，一次刷完。

③ 涂刷乳胶漆时应均匀，不能有漏刷、流坠等现象。涂刷一遍，打磨一遍。一般应两遍以上。

④ 腻子应与涂料性能配套，坚实牢固，不得粉化、起皮、裂纹。卫生间等潮湿处使用耐水腻子，涂液要充分搅匀，黏度太大可适当加水，黏度小可加增稠剂。施工温度要高于10℃。室内不能有大量灰尘，最好避开雨天施工。

▲ 质量好的乳胶漆，可以兼备流平性和流挂性

5. 调和漆饰面施工

常见的调和漆材料主要有铅油、光油、清油、调和漆、大白粉、滑石粉、腻子、稀释剂等。在施工过程中常用的工具有橡皮刮板、钢皮刮板、腻子托板、砂纸、高凳子、油桶、大桶、棉丝等。

墙面腻子打磨

第一步：基层处理 → 第二步：修补腻子 → 第三步：满刮腻子 → 第四步：刮第二遍腻子 → 第五步：涂刷涂料

调和漆饰面施工流程

施工注意事项

① 中、深色调和漆施工时尽量不要掺水，否则容易出现色差。亮光、丝光的乳胶漆要一次完成，否则修补的时候容易出现色差。

② 墙面有缝隙的地方铺上的确良布比较好。

③ 原来墙面有的腻子最好铲除，或者刷一遍胶水封固。

④ 天气太潮湿的时候，最好不要刷；同样，天气太冷，油漆施工质量也会差一些。天气如果太热，一定要注意通风。

⑤ 油漆的打磨要等完全干透后进行，下一道油漆施工必须等前一道油漆干透后进行。

⑥ 刷油漆时，要用美纹纸贴住铰链和门锁，磨砂玻璃要用报纸保护好。

⑦ 踢脚线安装好后要用腻子和油漆补一下缝。

▲ 原有墙面有的腻子最好铲除打磨后再上漆

6. 壁纸施工

墙面、顶面壁纸施工前门窗油漆、电器的设备安装完成,影响裱糊的灯具等要拆除,待做完壁纸后再进行安装。墙面抹灰要提前完成干燥,基层墙面要干燥、平整、阴阳角应顺直、基层坚实牢固,不得有疏松、掉粉、飞刺、麻点砂粒和裂缝,含水率应符合相关规定。地面工程要求施工完毕,不得有较大的灰尘和其他交叉作业。

壁纸施工流程

施工注意事项

① 基层处理时,必须清理干净、平整、光滑,防潮涂料应涂刷均匀,不宜太厚。墙面基层含水率应小于8%。墙面平整度达到用 2m 靠尺检查,高低差不超过 2mm。

② 混凝土和抹灰基层的墙面应清扫干净,将表面裂缝、坑洼不平处用腻子找平。再满刮腻子,打磨平。根据需要决定刮腻子遍数。木基层应刨平,无毛刺、戗槎,无外露钉头。接缝、钉眼用腻子补平。满刮腻子,打磨平整。石膏板基层的板材接缝用嵌缝腻子处理,并用接缝带贴牢,表面再刮腻子。

③ 涂刷底胶一般使用植物性壁纸胶,底胶一遍成活,但不能有遗漏。为防止壁纸、墙布受潮脱落,可涂刷一层防潮涂料。

④ 弹垂直线和水平线,拼缝时先对图案、后拼缝,使上下图案吻合。以保证壁纸、墙布横平竖直、图案正确。禁止在阳角处拼缝,墙纸要裹过阳角 20mm 以上。

⑤ 塑料壁纸遇水会膨胀,因此施工前要用水润纸,使塑料壁纸充分膨胀,玻璃纤维基材的壁纸、墙布等,遇水无伸缩,无须润纸。复合壁纸和纺织纤维壁纸也不宜润纸。

⑥ 裱贴玻璃纤维墙布和无纺墙布时,背面不能刷胶黏剂,将胶黏剂刷在基层上。因为墙布有细小孔隙,胶黏剂会透过表面而出现胶痕,影响美观。

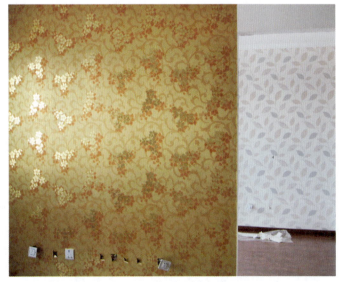

▲ 粘贴后,赶压墙纸胶黏剂,不能留有气泡,挤出的胶要及时擦干净

7. 软包施工

安装软包面层时要在木基层上画出墙、柱面上软包的外框及造型尺寸，并按此尺寸切割九合板，按线拼装到木基层上。其中九合板钉出来的框格即为软包的位置，其铺钉方法与三合板相同；按框格尺寸，裁切出泡沫塑料块，用建筑胶黏剂将泡沫塑料块粘贴于框格内；将裁切好的织锦缎连同保护层用的塑料薄膜覆盖在泡沫塑料块上，用压角木线压住织锦缎的上边缘，在展平织锦缎后用气钉枪钉牢木线，然后绷紧展平的织锦缎钉其下边缘的木线，最后，用锋刀沿木线的外缘裁切下多余的织锦缎与塑料薄膜。

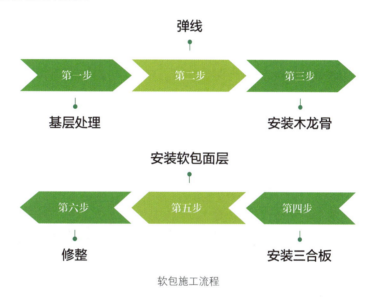

软包施工流程

施工注意事项

① 软包工程施工中，在铺设或镶贴第一块面料时，应认真进行垂直校正和对花，拼花。特别是在预制镶嵌软包工程施工时，各块预制衬板的制作，安装更要对花和拼花，避免相邻的两面料的接缝不垂直和水平度不合格。

② 软包工程的面料的下料应遵循样板剪裁的规格进行，以保证面料的宽窄一致，纹路方向一致，避免花纹图案的面料铺贴后，门窗两边或室内与柱子对称的两块面料的花纹图案不对称。

③ 软包工程施工前，对面料要认真进行挑选和核对，在同一场所应使用同一批面料，避免造成面层颜色，花纹等不一致。

④ 软包工程施工前，应认真核对装饰面，面料等的尺寸，加工中要认真仔细操作，防止在面料或镶嵌型条尺寸偏小，下料欠规矩或剪裁，切割不细，造成软包上口与挂镜线，下口与踢脚线上口接缝不严密，因露底而造成亏料，从而使相邻面料间的接缝不严密，因露底而造成离缝。

⑤ 软包墙面所用填充材料，纺织面料、木龙骨、木基层板等均应进行防火处理。

⑥ 墙面应均匀涂刷一层清油或满铺油纸做防潮处理；不得用沥青油毡做防潮层。

⑦ 龙骨宜采用凹槽榫工艺预制，可整体或分片安装，与墙体连接应紧密、牢固。

⑧ 软包工程的施工过程中，应加强检查和验收，防止在制作、安装镶嵌型条过程中，施工人员不认真仔细，硬边衬板的木条倒角不一致，衬板在切割时边缘不直，不方正等，造成周边缝隙宽窄不一致。

⑨ 软包单元的填充材料制作尺寸应正确，棱角方正、与木基层板黏结紧密。

⑩ 布料裁剪时应经纬顺直。安装应紧贴墙面，接缝应严密，花纹应吻合，无波纹起伏、翘边、褶皱，表面整洁。

⑪ 墙面与压线条、贴脸线、踢脚板、电气盒等交接处应严密、顺直、无毛边。电器盒盖等开洞处，套割尺寸应准确。

⑫ 制作和安装型条时，选料一定要精细，制作和切割要细致认真，钉子的间距要符合要求，避免安装后出现压条。

⑬ 软包饰面层材料在安装前要熨烫平整，在固定时装饰布要绷紧，绷直，避免安装完毕后出现褶皱和起泡现象。

▲ 软包工程施工前，对面料要认真进行挑选和核对

五、铺装施工

1. 墙砖（马赛克）铺贴

墙砖镶贴前应预排，要注意同一墙面的横竖排列，不得有一行以上的非整砖。非整砖应排在次要部位或阴角处，排砖时可用调整砖缝宽度的方法解决。如无设计规定时，接缝宽度可在 1 ～1.5mm 调整。在管线、灯具、卫生设备支撑等部位，应用整砖套割吻合，不得用非整砖拼凑镶贴，以保证美观效果。

墙砖铺贴施工流程

墙砖的最下面一层，应留到地砖完后再补贴。第二次采购墙砖时，必须带上样砖，挑选同色号砖。墙砖与洗面台、浴缸等的交接处，应在洗面台、浴缸安装完后方可补贴。墙砖与开关插座暗盒开口切割应严密，不得有墙砖贴好后上开关面板时，面板盖不住缝隙的现象。墙砖镶贴时，遇到开关面板或水管的出水孔在墙砖中间，墙砖不允许断开，应用切割机掏孔，掏孔应严密。墙砖铺贴完后 1 小时内必须用干勾缝剂（或白水泥）勾缝，清洁干净。交工验收前清缝一次，清洁干净。

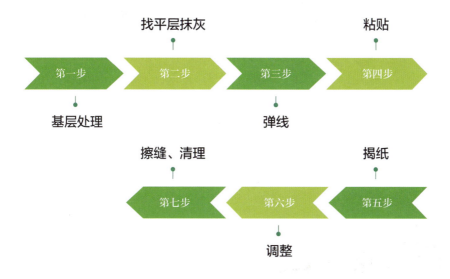

马赛克铺贴施工流程

施工注意事项

① 墙砖使用前,要仔细检查墙砖的尺寸(长度、宽度、对角线)、平整度、色差、品种,防止混等混级。墙砖的品种、规格、颜色和图案应符合设计、住户的要求,表面不得有划痕,缺棱掉角等质量缺陷。

② 墙面砖铺贴前应浸水0.5~2小时,以砖体不冒泡为准,取出晾干待用。

③ 贴前应选好基准点,进行放线定位和排砖,非整砖应排放在次要部位或阴角处。每面墙不宜有两列非整砖,非整砖宽度不宜小于整砖的1/3。贴前应确定水平及竖向标志,垫好底尺,挂线铺贴。墙面砖表面应平整、接缝应平直、缝宽应均匀一致。阴角砖应压向正确,阳角线宜做成45°角对接,在墙面突出物处,应整砖套割吻合,不得用非整砖拼凑铺贴。

④ 水泥使用42.5级水泥,结合砂浆宜采用1:2水泥砂浆,砂浆厚度宜为6~10mm。水泥砂浆应满铺在墙砖背面,一面墙不宜一次铺贴到顶,以防塌落。

⑤ 木作隔墙贴墙砖,应先在木作基层上挂钢丝网,作抹灰基层后再贴墙砖。

⑥ 墙砖粘贴时,平整度用1m靠尺检查,误差≤1mm;2m靠尺检查,平整度≤2mm,相邻间缝隙宽度≤2mm,平直度≤3mm,接缝高低差≤1mm。

⑦ 腰带砖在镶贴前,要检查尺寸是否与墙砖的尺寸相互协调,下腰带砖下口离地不低于800mm,上腰带砖离地≤1800mm。

⑧ 墙砖镶贴过程中,砖缝之间的砂浆必须饱满,严禁空鼓。伤角面砖必须更换。墙砖的最上面一层贴完后,应用水泥砂浆把上部空隙填满,以防在做扣扳吊顶打眼时,将墙砖打裂。

▲严禁使用硬物工具,敲击瓷砖表面,只能用木锤或橡胶锤

2. 木质饰面板

木质饰面板安装所涉及的主要材料有胶合板、薄木贴面板、防火板、木龙骨等。薄木贴面板是胶合板的一种，是新型的高级装饰材料，利用珍贵木料如紫檀木、花樟、楠木、柚木、水曲柳、榉木、胡桃木、影木等通过精密刨切制成厚度为 0.2～0.5 mm 的微薄木片，再以胶合板为基层，采用先进的胶黏剂和黏结工艺制成。防火板又称耐火板，面层是由表层纸、色纸、多层牛皮纸构成的，基材是刨花板。表层纸与色纸经过三聚氰胺树脂成分浸染，经干燥后叠合在一起，使防火板具有耐磨、耐划等物理性能。多层牛皮纸使耐火板具有良好的抗冲击性、柔韧性。

木质饰面板施工流程

施工注意事项

① 装饰面板到达施工现场后，存放于通风、干燥的室内，切记注意防潮。在装修使用前需用细砂纸清洁（或气压管吹）其表面灰尘、污质，出厂面板表面砂光良好的，只需用柔软羽毛掸子清除灰尘污垢。

② 用硝基清漆油刷饰面板表面，每刷完一次，待 30~60 min 以上油漆干透后用砂纸再打磨饰面板，然后继续油第二次底漆，再打磨，依次类推，在进行饰面板施工前，最少完成三次底漆施工，不能用不合格的油漆。

③ 完成饰木施工后，再油两次底漆，然后对钉孔进行补灰施工，要求在 1m 视线内看不到钉孔（有些装修公司已经采用在贴面板底层涂强力胶水胶合的方法代替打钉，达到更佳的装饰效果，也减免了装修中钉孔补灰的工艺，但装饰成本略高）。

④ 补灰工作完成后，继续油刷 5 次底漆，其间每油刷一次，都须用砂纸打磨饰面，然后对局部显眼钉孔再调色修补。

⑤ 完成施工后，用清水进行饰面打磨 2~3 次，直至看不到明显油刷痕迹为止。

⑥ 最后进行 3 次硝基面漆施工，用于保护饰面和提高光滑度。

▲ 适合在阳光直射及潮湿、干燥（如空调出风口正对面，暖气罩旁等）的地方使用

3. 金属饰面板

金属饰面板排版分格布置时,应根据深化设计规格尺寸并与现场实际尺寸相符合,兼顾门、窗、设备、箱盒的位置,避免出现阴阳板、分格不均等现象,影响金属饰面板整体观感效果。

金属饰面板施工流程

施工注意事项

① 金属饰面板、骨架及其材料入场后,应存入库房内码放整齐,上面不得放置重物。露天存放应进行覆盖。保证各种材料不变形、不受潮、不生锈、不被污染、不脱色、不掉漆。

② 饰面板必须在墙柱内各专业管线安装完成,试水、保温等全部检验合格后再进行安装。

③ 加工、安装过程中,铝板保护膜如有脱落要及时补贴。加工操作台上需铺一层软垫,防止划伤金属饰面板。

④ 在安装骨架连接件时,应做到定位准确、固定牢固,避免因骨架安装不平直、固定不牢固,引起板面不平整、接缝不齐平等问题。

⑤ 嵌缝前应注意板缝清理干净,并保证干燥。板缝较深时应填充发泡材料棒(条),然后注胶,防止因板缝不洁净造成嵌缝胶开裂、雨水渗漏。

⑥ 嵌注耐候密封胶时,注胶应连续、均匀、饱满,注胶完后应使用工具将胶表面刮平、刮光滑。避免出现胶缝不平直、不光滑、不密实现象。

▲ 金属饰面板装饰效果

4. 石材饰面板

在为板材钻孔时要在距板两端 1/4 处居板厚中心钻孔，孔径为 6mm、深 35~40mm。板宽小于 500mm 的打直孔 2~3 个，板宽大于 500mm 的打直孔 3~4 个，板宽大于 800mm 的打直孔 4~5 个。然后将板旋转 90°，在板两边分别各打直孔一个，孔位距板下端 100mm，孔径为 6mm、深 3~40mm，直孔都需要剔出 7mm 深的小槽，以便安装 U 形钉。

石材饰面板施工流程

施工注意事项

① 基层处理是防止安装后空鼓、脱落的关键环节。必须具有足够的强度和刚度。表面应平整粗糙。光滑的基体应凿毛，深度 5~15mm，间距约 30mm。表面的砂浆、尘土、油渍，应用钢丝刷刷净，并用水冲洗。

② 固定石材的钢筋网与预埋件连接必须牢固可靠，每块石材与钢丝网拉接点不得少于 4 个，拉接用的金属丝应具有防锈性能。

③ 强度较低或较薄的石材应在背面粘贴玻璃纤维网布。

④ 灌注砂浆前应将石材背面及基面润湿，并用填缝材料临时封闭石材板缝，避免漏浆。

⑤ 灌注砂浆宜用 1:2.5 水泥砂浆，分层进行灌注，每层灌注高度宜为 150~200mm，且不超过板高的 1/3，并插捣密实。待其初凝后方可灌注上层水泥砂浆。

▲ 石材饰面板装饰效果

5. 地砖铺贴

地砖铺贴时要保证内墙 +50cm 水平标高线已弹好,并校核无误,墙面抹灰、屋面防水和门框已安装完。地面垫层以及预埋在地面内各种管线已做完。穿过楼面的竖管已安完,管洞已堵塞密实。有地漏的房间应找好泛水。提前做好选砖的工作,预先用木条钉方框(按砖的规格尺寸)模子,拆包后对每块砖要进行挑选,长、宽、厚不得超过 ±1mm,平整度不得超过 ±0.5mm。外观有裂缝、掉角和表面上有缺陷的剔出,并按花型、颜色挑选后分别堆放。

地砖拼花

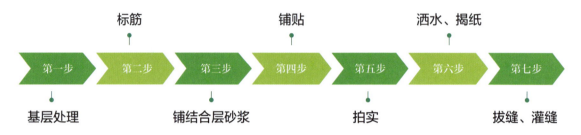

地砖(马赛克)铺贴施工流程

施工注意事项

① 混凝土地面应将基层凿毛,凿毛深度 5~10mm,凿毛痕的间距为 30mm 左右。清净浮灰,砂浆、油渍,将地面散水刷扫。或用掺 108 胶的水泥砂浆拉毛。抹底子灰后,底层六七成干时,进行排砖弹线。基层必须处理合格。基层湿水可提前一天实施。

② 铺贴前应弹好线,在地面弹出与门道口成直角的基准线,弹线应从门口开始,以保证进口处为整砖,非整砖置于阴角或家具下面,弹线应弹出纵横定位控制线。正式粘贴前必须粘贴标准点,用以控制粘贴表面的平整度,操作时应随时用靠尺检查平整度,不平、不直的,要取下重粘。

③ 铺贴陶瓷地面砖前,应先将陶瓷地面砖浸泡 2 小时以上,以砖体不冒泡为准,取出晾干待用。以免影响其凝结硬化,发生空鼓、起壳等问题。

④ 铺贴时,水泥砂浆应饱满地抹在陶瓷地面砖背面,铺贴后用橡皮锤敲实。同时,用水平尺检查校正,擦净表面水泥砂浆。铺粘时遇到管线、灯具开关、卫生间设备的支承件等,必须用整砖套割吻合。

⑤ 铺贴完 2~3 小时后,用白水泥擦缝,用水泥、砂子比例为 1:1(体积比)的水泥砂浆,缝要填充密实,平整光滑。再用棉丝将表面擦净。铺贴完成后,2~3 小时内不得上人。陶瓷锦砖应养护 4~5 天才可上人。

▲ 仿古砖装饰效果

6. 石材地面铺贴

石材的品种、规格应符合设计、技术等级、光泽度、外观质量要求，同时应符合国家规定的石材放射性标准的规定。水泥应采用硅酸盐水泥、普通硅酸盐水泥或矿渣硅酸盐水泥，其强度等级不宜小于 42.5 级；勾缝用白色硅酸盐水泥，其强度等级也不应小于 42.5 级。砂子采用中砂或粗砂，其含泥量不应大于 3%。

墙面大理石铺贴

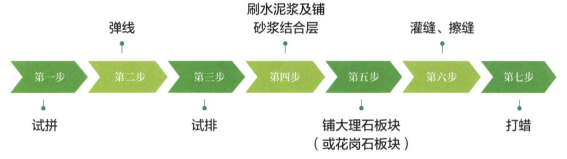

石材地面铺贴施工流程

施工注意事项

① 基层处理要干净，高低不平处要先凿平和修补，基层应清洁，不能有砂浆，尤其是白灰砂浆灰、油渍等，并用水湿润地面。

② 铺贴前将板材进行试拼，对花、对色、编号，确保铺设出的地面花色一致。

③ 铺装石材时必须安放标准块，标准块应安放在十字线交点，对角安装。铺装操作时要每行依次挂线，石材必须浸水湿润，阴干后擦净背面，以免影响其凝结硬化，发生空鼓、起壳等问题。

④ 石材地面铺装后的养护十分重要，安装 24 小时后必须洒水养护，铺完后覆盖锯末养护。铺贴完成后，2～3 天内不得上人。

▲ 地面石材拼花铺贴效果

7. 木地板铺装

地板铺设施工所使用的主要材料有各种类别的木地板、毛地板、木格栅、垫木、撑木、胶黏剂、处理剂、橡胶垫、防潮纸、防锈漆、地板漆、地板蜡等。木地板的类别有实木地板、复合地板和竹木地板等，而目前大多数家庭都选择实木地板或者复合地板作为装修的主要地面材料。

木地板安装及验收

实木地板铺装施工流程

铺装木地板要等吊顶和内墙面的装修施工完毕，门窗和玻璃全部安装完好后进行。按照设计要求，事先把要铺设地板的基层做好（大多是水泥地面），基层表面应平整、光洁、不起尘，含水率不大于8%。安装前应清扫干净，必要时在其面上涂刷绝缘脂或油漆。房间平面如果是矩形，其相邻墙体必须相互垂直。铺装地板面层，必须待室内各项工程完工和超过地板面承载的设备进入房间预定位置之后，方可进行，不得交叉施工；也不得在房间内加工。相邻房间内部也应全部完工。

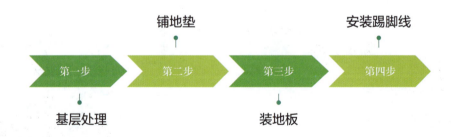

复合地板铺装施工流程

施工注意事项

① 实铺地板要先安装地龙骨,然后再进行木地板的铺装。

② 龙骨的安装应先在地面做预埋件,以固定木龙骨,预埋件为螺栓及铅丝,预埋件间距为800mm,从地面钻孔下入。

③ 实铺实木地板应有基面板,基面板使用大芯板。

④ 所有木地板运到施工安装现场后,应拆包在室内存放一个星期以上,使木地板与居室温度、湿度相适应后才能使用。

⑤ 同一房间的木地板应一次铺装完,因此要备有充足的辅料,并要及时做好成品保护,严防油渍、果汁等污染表面。安装时挤出的胶液要及时擦掉。

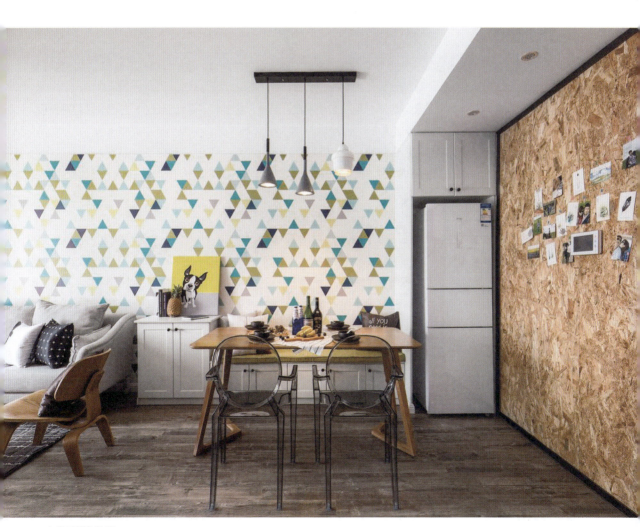

▲ 木地板铺装效果

8. 地毯铺装

在地毯铺设之前，室内硬装修必须完毕。铺设楼地面毯的基层，要求表面平整、光滑、洁净，如有油污，须用丙酮或松节油擦净。应事先把需铺设地毯的房间、走道等四周的踢脚板做好。踢脚板下口应离开地面 8mm 左右，以便将地毯毛边掩入踢脚板下。

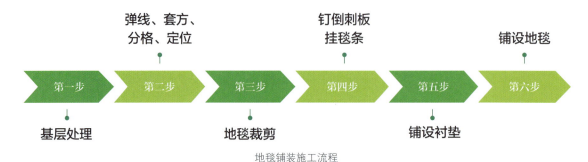

地毯铺装施工流程

施工注意事项

① 在铺装前必须进行实量，测量墙角是否规方，准确记录各角角度。根据计算的下料尺寸在地毯背面弹线、裁割，以免造成浪费。

② 地毯铺装对基层地面的要求较高，地面必须平整、洁净，含水率不得大于 8%，并已安装好踢脚板，踢脚板下沿至地面间隙应比地毯厚度大 2～3mm。

③ 倒刺板固定式铺设沿墙边钉倒刺板，倒刺板距踢脚板 8mm。

④ 接缝处应用胶带在地毯背面将两块地毯粘贴在一起，要先将接缝处不齐的绒毛修齐，并反复揉搓接缝处绒毛，至表面看不出接缝痕迹为止。

⑤ 黏结铺设时刮胶后晾置 5～10 分钟，待胶液变得干黏时铺设。

▲ 地毯铺装效果

六、安装施工

1. 木门窗安装

安装前门窗框和扇应先检查有无窜角、翘扭、弯曲、劈裂，如果有以上情况应先进行修理。门窗框靠地的一面应刷防腐漆，其他各面及扇均应涂刷一道清油。刷油后分类码放平整，底层应垫平、垫高。每层框与框、扇与扇之间垫木板条通风。安装外窗以前应从上往下吊垂直，找好窗框位置，上下不对应者应先进行处理。安装前应调试，50线提前弹好，并在墙体上标好安装位置。

实芯门现场制作

木门窗安装施工流程

施工注意事项

① 在木门窗套施工中，首先应在基层墙面内打孔，下木模。木模上下间距小于300mm，每行间距小于150mm。

② 然后按设计门窗贴脸宽度及门口宽度锯切大芯板，用圆钉固定在墙面及门洞口，圆钉要钉在木模子上。检查底层垫板牢固安全后，可做防火阻燃涂料涂刷处理。

③ 门窗套饰面板应选择图案花纹美观、表面平整的胶合板，胶合板的树种应符合设计要求。

④ 裁切饰面板时，应先按门洞口及贴脸宽度弹出裁切线，用锋利裁刀裁开，对缝处刨45°，背面刷乳胶液后贴于底板上，表层用射钉枪钉入无帽直钉加固。

⑤ 门洞口及墙面接口处的接缝要求平直，45°对缝。饰面板粘贴安装后用木角线封边收口，角线横竖接口处刨45°接缝处理。

▲ 木门安装效果

2. 铝合金门窗安装

铝合金门窗安装主要材料有铝合金门窗型材、钢钉、膨胀螺栓、滑移合页、防水密封胶、压条等。铝合金门窗的规格、型号应符合设计要求，五金配件配套齐全，并具有出厂合格证。防腐材料、填缝材料、密封材料、防锈漆、水泥、砂、连接铁脚、连接板等应符合设计要求和有关标准的规定。

铝合金门窗安装施工流程

施工注意事项

① 门窗框与墙体之间需留有 15~20mm 的间隙，并用弹性材料填嵌饱满，表面用密封胶密封。不得将门窗框直接埋入墙体，或用水泥砂浆填缝。

② 密封条安装应留有比门窗的装配边长 20~30mm 的余量，转角处应斜面断开，并用胶黏剂粘贴牢固。

③ 门窗安装前应核定类型、规格、开启方向是否合乎要求，零部件组合件是否齐全。洞口位置、尺寸及方正应核实，有问题的应提前进行剔凿或找平处理。

④ 为保证门窗在施工过程中免受磨损、变形，应采用预留洞口的办法，而不应采取边安装边砌口或先安装后砌口的做法。

⑤ 门窗与墙体的固定方法应根据不同材质的墙体而定。如果是混凝土墙体可用射钉或膨胀螺钉，砖墙洞口则必须用膨胀螺钉和水泥钉，而不得用射钉。

⑥ 如安装门窗的墙体，在门窗安装后才做饰面，则连接时应留出作饰面的余量。

⑦ 推拉门窗扇必须有防脱落措施，扇与框的搭接量应符合安全要求。

▲ 铝合金门窗装饰效果

3. 塑钢门窗安装

塑钢门窗安装过程中主要材料有塑钢门窗型材、连接件、镀锌铁脚、自攻螺栓、膨胀螺栓、PE 发泡软料、玻璃压条、五金配件等。安装前门窗玻璃应平整、无水纹。玻璃与塑料型材不直接接触，有密封压条贴紧缝隙。五金件齐全，位置正确，安装牢固，使用灵活。不能使用玻璃胶。若是双玻平层，夹层内应没有灰尘和水汽。门窗表面应光滑平整，无开焊断裂。门窗框、扇型材内均应嵌有专用钢衬。

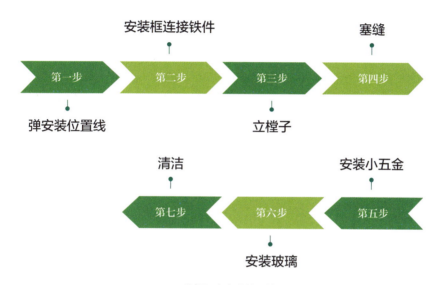

塑钢门窗安装施工流程

施工注意事项

① 塑钢门窗与墙体的连接，一是可用膨胀螺栓固定，二是可在墙内预埋木砖或木楔，用木螺钉将门窗框固定在木砖或木楔上。

② 门窗框与墙体结构之间一般留 10 ~20mm 缝隙，填入轻质材料（丙烯酸酯、聚氨酯、泡沫塑料、矿棉、玻璃棉等），外侧嵌注密封膏。

③ 固定连接件可用 1.5mm 厚的冷轧钢板制作，宽度不小于 15mm，不得安装在中横框、中竖框的接头上，以免外框膨胀受限而变形。

④ 固定连接件（节点）处的间距要小于或等于 600mm。应在距窗框的四个角、中横框、中竖框 100~150mm 处设连接件，每个连接件不得少于两个螺钉。

⑤ 安装组合窗门时，应将两窗（门）框与拼樘料卡结，卡结后应用紧固件双向拧紧。其间距应小于或等于 600mm，紧固件端头及拼樘料与窗（门）框间的缝隙应用嵌缝膏进行密封处理。拼樘料型钢两端必须与洞口固定牢固。

▲ 塑钢窗装饰效果

4. 全玻门和玻璃安装

玻璃应在门窗五金安装后，经检查合格，在涂刷最后一道油漆前进行安装。玻璃隔断的玻璃安装，也应参照上述规定进行安装。门窗在正式安装玻璃前，要检查是否有扭曲及变形等情况，遇有不合格的，应整修后再安装玻璃。

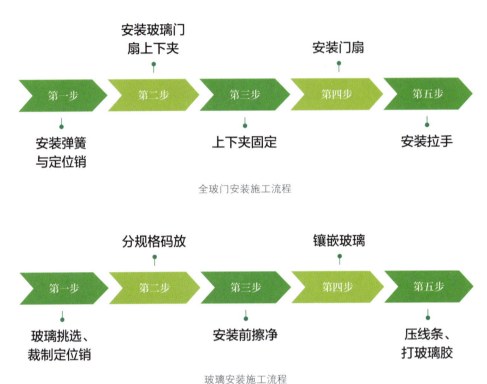

全玻门安装施工流程

玻璃安装施工流程

施工注意事项

① 压条应与边框紧贴，不得弯棱、凸鼓。

② 安装玻璃前应对骨架、边框的牢固程度进行检查，如不牢固应进行加固。

③ 玻璃分隔墙的边缘不得与硬质材料直接接触，玻璃边缘与槽底空隙应不小于5mm。玻璃可以嵌入墙体，并保证地面和顶部的槽口深度：当玻璃厚度为5~6mm时，深度为8mm；当玻璃厚度为8~12mm时，深度为10mm。玻璃与槽口的前后空隙：当玻璃厚为5~6mm时，空隙为2.5mm；当玻璃厚8~12mm时，空隙为3mm。这些缝隙用弹性密封胶或橡胶条填嵌。

④ 使用钢化玻璃和夹层玻璃等安全玻璃为好。钢化玻璃厚不小于5mm，夹层玻璃厚不小于6mm，对于无框玻璃隔墙，应使用厚度不小于10mm的钢化玻璃。

⑤ 玻璃安装的其他施工要点同门窗工程的有关规定。

5. 卫生洁具安装

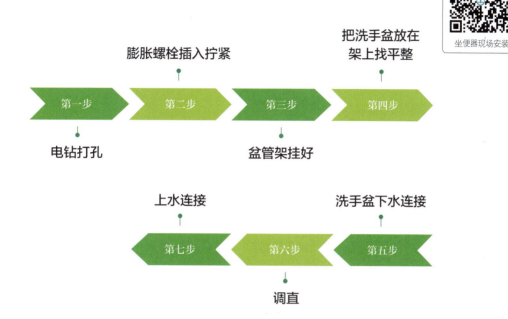

洗手盆安装施工流程

施工注意事项

① 洗手盆产品应平整无损裂。排水栓应有不小于 8mm 直径的溢流孔。

② 排水栓与洗手盆连接时，排水栓溢流孔应尽量对准洗手盆溢流孔，以保证溢流部位畅通，镶接后排水栓上端面应低于洗手盆底。

③ 托架固定螺栓可采用不小于 6mm 的镀锌开脚螺栓或镀锌金属膨胀螺栓（如墙体是多孔砖，则严禁使用膨胀螺栓）。

④ 洗手盆与排水管连接后应牢固密实，且便于拆卸，连接处不得敞口。洗手盆与墙面接触部应用硅膏嵌缝。

⑤ 如洗手盆排水存水弯和水龙头是镀铬产品，在安装时不得损坏镀层。

▲ 洗手盆安装效果

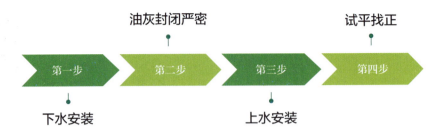

浴缸安装施工流程

施工注意事项

① 在安装裙板浴缸时，其裙板底部应紧贴地面，楼板在排水处应预留 250~300mm 洞孔，便于排水安装，在浴缸排水端部墙体设置检修孔。

② 其他各类浴缸可根据有关标准或用户需求确定浴缸上平面高度。然后砌两条砖基础后安装浴缸。如浴缸侧边砌裙墙，应在浴缸排水处设置检修孔或在排水端部墙上开设检修孔。

③ 各种浴缸冷、热水龙头或混合龙头其高度应高出浴缸上平面 150mm。安装时应不损坏镀铬层。镀铬罩与墙面应紧贴。

④ 固定式淋浴器、软管淋浴器其高度可按有关标准或按用户需求安装。

⑤ 浴缸安装上平面必须用水平尺校验平整，不得侧斜。浴缸上口侧边与墙面结合处应用密封膏填嵌密实。

⑥ 浴缸排水与排水管连接应牢固密实，且便于拆卸，连接处不得敞口。

▲ 浴缸安装效果

6. 开关、插座安装

开关的安装宜在灯具安装后，开关必须串联在火线上；在潮湿场所应用密封或保护式插座；面板垂直度允许偏差不大于1mm；成排安装的面板之间的缝隙不大于1mm。凡插座必须是面对面板方向左接零线，右接火线，三孔上端接地线，并且盒内不允许有裸露铜线，三相插座，保护线接上端。

开关插座常识

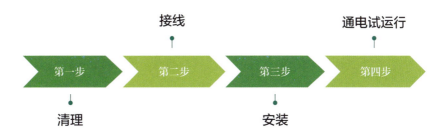

开关、插座施工流程

施工注意事项

① 开关、插座的面板不平整，与建筑物表面之间有缝隙，应调整面板后再拧紧固定螺钉，使其紧贴建筑物表面。

② 开关未断火线，插座的火线、零线及地线压接混乱，应按要求进行改正。

③ 多灯房间开关与控制灯具顺序不对应。在接线时应仔细分清各路灯具的导线，依次压接，并保证开关方向一致。

④ 固定面板的螺钉不统一（有一字和十字螺钉）。为了美观，应选用统一的螺钉。

⑤ 同一房间的开关、插座的安装高度差超出允许偏差范围，应及时更正。

⑥ 铁管进盒护口脱落或遗漏。安装开关、插座接线时，应注意把护口带好。

⑦ 开关、插座面板已经上好，但盒子过深（大于2.5cm），未加套盒处理，应及时补上。

⑧ 开关、插销箱内拱头接线，应改为鸡爪接导线总头，再分支导线接各开关或插座端头。或者采用LC安全型压线帽压接总头后，再分支进行导线连接。

7. 灯具安装

在所有灯具安装前，应先检查验收灯具，查看配件是否齐全，有玻璃的灯具玻璃是否破碎，预先说明各个灯的具体安装位置，并注明于包装盒上。

电线穿线方法

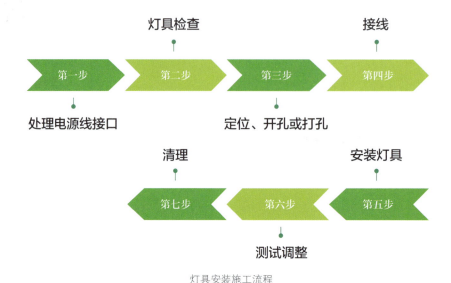

灯具安装施工流程

施工注意事项

① 采用钢管做灯具吊杆时，钢管内径不应小于10mm，管壁厚度不应小于1.5mm。

② 同一室内或同一场所成排安装的灯具，应先定位，后安装，其中心偏差不大于2mm。

③ 灯具组装必须合理、牢固，导线接头必须牢固、平整。有玻璃的灯具，固定其玻璃时，接触玻璃处须用橡皮垫子，且螺钉不能拧得过紧。

④ 灯具重量大于3kg时，应采用预埋吊钩或从屋顶用膨胀螺栓直接固定支吊架安装（不能用龙骨支架安装灯具）。从灯头箱盒引出的导线应用软管保护至灯位，防止导线裸露在平顶内。

▲ 灯具安装效果

8. 壁柜、吊柜及固定家具安装

结构工程和有关壁柜、吊柜的构造连体已具备安装壁柜和吊柜的条件，室内已有标高水平线。壁柜框、扇进场后及时将加工品靠墙、贴地，顶面应涂刷防腐涂料，其他各面应涂刷底油一道，然后分类码放平整，底层垫平、保持通风。壁柜、吊柜的框和扇，在安装前应检查有无窜角、翘扭、弯曲、壁裂，如有以上缺陷，应修理合格后，再进行拼装。吊柜钢骨架应检查规格，有变形的应修正合格后进行安装。

现场衣柜制作

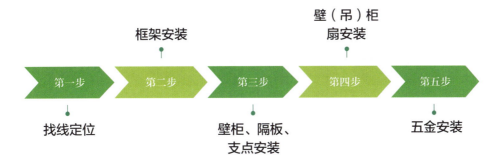

壁柜、吊柜及固定家具安装施工流程

施工注意事项

① 厨房设备安装前应仔细检验。

② 吊柜的安装应根据不同的墙体采用不同的固定方法。

③ 底柜安装应先调整水平旋钮，保证各柜体台面、前脸均在一个水平面上，两柜连接使用木螺钉，后背板通管线、表、阀门等应在背板划线打孔。

④ 安装洗物柜底板下水孔处要加塑料圆垫，下水管连接处应保证不漏水、不渗水，不得使用各类胶黏剂连接接口部分。

⑤ 安装不锈钢水槽时，保证水槽与台面连接缝隙均匀，不渗水。

⑥ 安装水龙头，要求安装牢固，上水连接不能出现渗水现象。

⑦ 抽油烟机的安装，注意吊柜与抽油烟机罩的尺寸配合，应达到协调统一。

⑧ 安装灶台，不得出现漏气现象，安装后用肥皂沫检验是否安装完好。

▲ 橱柜安装效果

9. 木窗帘盒、金属窗帘杆安装

安装窗帘盒前要先按平线确定标高，划好窗帘盒中线，安装时将窗帘盒中线对准窗口中线、盒的靠墙部位要贴严、固定方法按个体设计。安装窗帘轨时，当窗宽大于 1200mm 时，窗帘轨应断开，断开处煨弯错开，煨弯应为平缓曲线，搭接长度不小于 200mm。窗帘杆的安装应校正连接固定件，将杆或钢丝装上，拉于固定件上。做到平、正，同房间标高一致。

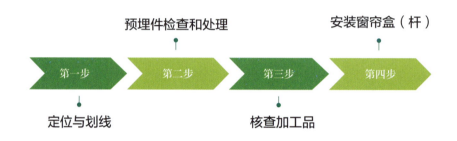

木窗帘盒、金属窗帘杆安装施工流程

施工注意事项

① 窗帘盒的规格高为 100mm 左右，单杆宽度为 120mm，双杆宽度为 150mm 以上，长度最短应超过窗口宽度 300mm，窗口两侧各超出 150mm，最长可与墙体通长。

② 贯通式窗帘盒可直接固定在两侧墙面及顶面上，非贯通式窗帘应使用金属支架，为保证窗帘盒安装平整，两侧距窗洞口长度相等，安装前应先弹线。

③ 外露窗帘杆要表现美感，距居室顶部和窗户最好都有一定的距离，以免产生压抑的感觉。

④ 窗框左右预留不要低于 6cm，以使窗帘杆有出头之地，同时窗帘布也能完全遮住窗户。

▲ 木窗帘盒安装效果

七、维修保养

1. 水路维修保养

有的业主在装修后会遇到卫生间或厨房的水管堵塞、排水不顺畅的问题，有时候下水道还会返臭味等，这些问题看似没有多严重，却实在影响居住心情，因此业主可以通过一些方法和技巧来自己解决，不仅可以节省不少开支，而且还能让家居生活更加顺心舒畅。

排水管堵塞

管道安装以后，管口虽然做了临时封堵，但往往被人打开，作为地面清洗的污水排出口，特别是做水磨石地面后，管道内淤积水泥浆，干硬后易造成管道的堵塞。从屋面透气管口或检查口落入木条、石渣、垃圾或砂浆等造成管道的堵塞，有时部分堵塞，在通水试验过程中未能及时发现，投入使用后发现管道堵塞。

排水管堵塞解决方法

序号	解决方法
1	关上水龙头，以免堵塞处积水更多
2	伸手到排水管或污水管口揭开地漏，清除堵塞物。室外的下水道可能堆积了落叶或泥砂，以致淤塞
3	洗脸盆或洗涤槽的排水管若无明显的堵塞物，可用湿布堵住溢流孔，然后用擫子（俗称水拔子）排除堵塞物
4	水开始排出时，应继续灌水，冲去余下的废物
5	如果擫子无法清除洗涤槽或洗脸盆污水管的堵塞物，可在存水弯管下放一只水桶，拧下弯管，清除里面的堵塞物。新式存水弯管是塑料造的，用手就可以拧下来，用扳手则不要太用力
6	如果是排水管堵塞，可用一根坚硬而有弹性的通管捅掉堵塞物
7	如果依然无效，或没有这些工具，就得找专门的工人修理了

水管漏水

镀锌管的使用时间过长,容易出现漏水现象,并且通常都是从里层腐烂到外层,一般漏水会造成底下楼层的顶层楼板大面积水印,甚至滴水。铜管也容易出现漏水,但它常常是在焊接处容易出现漏水现象;而铝塑管也常引起漏水,主要是其卡扣中的塑料垫片容易老化,造成漏水。

水管接头漏水

如果管接头本身坏了,只能换新的;丝口处漏水可将其拆下,如没有胶垫的要装上胶垫,胶垫老化了就换新的,丝口处涂上厚白漆再缠上麻丝后装上,或用生料带缠绕也一样。如果是胶接或熔接处漏水就困难些了,自己较难解决。

如果是由于水龙头内的轴心垫片磨损所致,可使用钳子将压盖拴转松并取下,以夹子将轴心垫片取出,换上新的轴心垫片即可。

▲ 家里的水管接头漏水,首先要断开水源,拧开接口

下水管漏水

如果是 PVC 水管，可以去买一根新的水管来自己接。先把坏了的那根管子割断，把接口先套进管子的一端，使另外的一端的割断位置正好与接口的另外的一个口子齐平，使它刚好能够弄直，然后把直接头往这一端送，使两端都有一定的交叉距离（长度）。然后把它拆卸下来，用 PVC 胶水涂抹在直接的两端内侧与两个下水管的外侧。

也可以买防水胶带来修补下水管，找到出水点用胶带包裹住，再用砂浆防水剂和水泥抹上去就可以了。

▲ 通常情况下引起下水管漏水的基本原因，就是因为自身老化、零件部件发生松动

铁水管漏水

如果检查发现铁水管没有锈渍，只是部分位置破坏。可以把水管总阀关闭，只需要更换该位置的铁水管即可。切断该位置水管，再用车丝用的器械车丝扣，再接上连接头即可。

如果是因为整体水管锈蚀所致，那么要先把水管总阀关闭，把该段水管整体换掉，然后两头套上螺母扣拧上。

如果是管身出现漏水，则需要先磨去原管身的锈渍，再采用焊接方法修补，注意需要在修补位置镶嵌一块与水管贴合紧密的铁板做加固处理。

▲ 铁水管漏水原因一般是由于长时间滴水，导致水管生锈腐蚀漏水了

塑料水管漏水

遇到塑料管漏水，可以先用小钢锯把漏水的地方锯掉，注意锯口要平。而后用砂纸把新露出的端口轻轻打磨一小部分，用干净的布将端口擦拭干净，再用专用胶水涂在端口上，稍微晾一会儿，趁此时在"竹节"接头内涂上胶水。然后把端口和"竹节"连接，要反复转动，直到牢固，用同样的方法去连接另一端。最后再一切完成后在接缝处再涂适量的胶水，确保不渗漏。

▲ 塑料水管漏水可以使用不漏水的布袋进行缠绕

下水道返臭味

下水道返味的原因可能是下水道的水封高度不够，存水弯水分很快干涸，使排水管内的臭气上溢。这时可以给下水道加一个返水弯，或换一个同规格的下水道。

在卫浴的排水口，因为要防止排水管里发出的异味，所以一般都会有一些积水，其原理和马桶是差不多的，这个时候排水口起到了防臭阀的作用。但是由于在洗澡的时候，身体的污垢和毛发都会呈糊状堵住排水口，一旦水流受阻，这里就会成为恶臭与病菌的"发源地"。因此有必要进行"分解扫除"，所需要的工具非常简单，只需要牙刷和海绵即可。如果是一般住宅的排水口，首先需要将排水口的外壳拆下，将塑料制的网旋转拆下。另外还需要将最下方的零件也拆下，全部拆下以后，可以用牙刷和海绵进行清洗。

> 如果零件变色或者发出的恶臭非常严重的话，在取出清洗完并重新安装回去后，可以一点点地滴氯水漂白剂进去，这个过程可持续3~5分钟。需要特别注意的是，如果用到氯水漂白剂，一定要戴上手套，并保持浴室换气通风。之后等到氯气的味道都消散了以后，再重新用清水冲洗一下排水口，就能发现排水口已经光洁如新了。

下水道返臭味解决方法

序号	种类	解决方法
1	水防臭地漏	这是最常见的传统地漏，通过在地漏的储水弯中积储一定量的水，依靠水的密封性起到封隔下水道臭气上溢，阻隔蟑螂等害虫的作用。按照有关标准，应保证水封高度为50mm，并能保持水封不干涸
2	密封防臭地漏	在地漏的表面覆盖上加上一个上盖，使地漏密封起来防止臭气。这种地漏比较简洁，但需要掀开盖子排水，比较麻烦
3	三防地漏	是目前最新的防臭地漏。其原理是在地漏下端排水管处安装一个小漂浮球，通过下水管道里的水压和气压将小球顶住，起到防臭、防虫、防溢水的作用

坐便器堵塞

坐便器堵塞的原因很多，一方面有的坐便器使用的时间长了，难免会在内壁上结垢，严重的时候会堵住出气孔而造成下水缓慢；另一方面坐便器底部的出口跟下水口没有对准位置、底部的螺丝孔完全封死造成下水不畅通、水箱水位不够高影响冲水效果等。另外，往坐便器内丢弃头发、手纸或卫生巾等杂物，也容易造成堵塞。

坐便器堵塞解决方法

序号	种类	解决方法
1	坐便器轻微堵塞	一般是手纸或卫生巾、毛巾、抹布等造成的坐便器堵塞。这种情况直接使用管道疏通机或简易疏通工具就可以疏通了
2	坐便器硬物堵塞	使用的时候不小心掉进塑料刷子、瓶盖、肥皂、梳子等硬物。这种堵塞轻微时可以直接使用管道疏通机或简易疏通器直接疏通，严重的时候必须拆开坐便器疏通，这种情况只有把东西弄出来才能彻底解决
3	坐便器老化堵塞	坐便器使用的时间长了，难免会在内壁上结垢，严重的时候会堵住坐便器的出气孔而造成马桶下水慢。解决方法就是找到通气孔刮开污垢，就可以让坐便器下水畅通了
4	坐便器安装失误	安装失误一般分为底部的出口跟下水口没有对准位置、坐便器底部的螺钉孔完全封死，会造成坐便器下水不畅通；坐便器水箱水位不够高也会影响冲水效果
5	蹲便改坐便	有些老房子建房时安装的是蹲便，下水管道底部使用的是 U 形防水弯头在改成坐便器的时候，最好能把底部弯头换成直接弯。如果换不了，那在安装坐便器前就一定要做好底部反水弯清理工作，安装时切忌让水泥或瓷砖碎片掉进去

水龙头漏水

水龙头如果是出水口漏水，那么很有可能是由于水龙头内的轴心垫片磨损所致；如果是龙头栓下部缝隙漏水，那么可能是因为压盖内的三角密封垫磨损所引起；如果是接管接合处漏水，大致上是盖型螺帽松掉，这时可以重新拧紧盖型螺帽或者换上新的 U 形密封垫。

水龙头漏水解决方法

序号	种类	解决方法
1	水龙头出水口漏水	根据水龙头的大小，选择对应的钳子将水龙头压盖旋开，并用夹子取出磨损的轴心垫片，再换上新的垫片即可解决该问题
2	水龙头接管的结合处出现漏水	将螺母拧紧或者换上新的 U 形密封垫
3	水龙头栓下部缝隙漏水	可以将螺钉转松取下栓头，接着将压盖弄松取下，然后将压盖内侧三角密封垫取出，换上新的即可

2. 电路维修保养

跳闸、走火

总是跳闸的原因一般有两种情况：一是漏电跳闸（如果家里装有漏电保护器的话），二是超负荷跳闸。家里的电源开关一般有两种：一种是带漏电保护的，另一种是不带漏电保护的。带漏电保护的开关跳闸绝大部分的原因是零线上的电流过大（一般是毫安级的），说明家里的电器有漏电，应检查各个用电器；不带漏电保护的开关跳闸的原因是供电电流大于开关的额定电流。也可能是其他开关没问题，是因为单个用电器的电流超过单个开关的额定电流。

跳闸、走火原因检查

序号	种类	原因检查
1	漏电断路器质量有问题	先检查漏电断路器的质量。一是对漏电脱扣器检查，一般用试验按钮来检验，在按试验按钮时，漏电断路器应动作，要求跳闸灵敏；二是检查漏电断路器在空载状态下能否合闸，如果不能合闸，则此漏电断路器有故障，不能使用，应该更换
2	漏电断路器接线错误	检查是否把某一用电设备的相线接到漏电断路器的前面，使部分负荷没有通过漏电断路器。这样会使漏电断路器零线电流大于火线电流，使其跳闸，甚至合不上闸
3	用电设备漏电	如果用电设备漏电的话，设备金属外壳带电，可以用测电笔检验，找出故障
4	插座零线、地线接反	如果插座的零线、地线接反，会形成零序电流，引起漏电断路器动作
5	线路受潮引起漏电而跳闸	检查厨房、卫浴线路中的接线盒。打开受潮的接线盒，如果里面的接头湿漉漉的，有水珠覆盖着，个别的管口还滴水，这是上层的防水层损坏，水渗入电气管线所致

跳闸、走火预防措施

序号	预防措施	简介
1	不超负荷用电	家庭使用的用电设备总电流不能超过电能表和电源线的最大额定电流
2	安装漏电保护器	家庭用电一定要在自家电能表的出线侧安装一只漏电流过电压双功能保护器，以使在家电设备漏电、人身触电、供电电压太高或太低时自动跳闸切断电源，保护人身和设备的安全

续表

序号	预防措施	简介
3	用电设备外壳要可靠接零	三芯插座的接地插孔，一定要做可靠保护接零（地）线连接，三芯插头的接地桩头，一定要做可靠的与用电设备的铁外壳连接。以防用电设备的绝缘击穿或外壳带电发生人身触电
4	把好产品质量关	所有的电源设备（导线、闸刀开关、漏电流保护器、插头、插座等），家庭用电设备都要选用国家指定厂家生产并经技术质检合格的产品，不能图便宜买"三无"的假冒伪劣产品
5	安装布线符合要求	电源插座安装要高于地面1.6 m，临时用电不能胡拉乱接，用完后应立即拆除
6	发现异常立即断电	用电设备在使用中，发现电压异常升高，或发现用电设备有异常的响声、气味、温度、冒烟、火光，要立即断开电源，再进行检查或灭火抢救
7	严禁使用代用品	不能用铜丝、铝丝、铁丝代替保险丝；不能用信号传输线代替电源线；不能用医用白胶布代替绝缘黑胶布；不能用漆包线代替电热丝自制电热器等代用品

3. 墙面维修保养

墙面受潮发霉

墙面受潮发霉无非两个原因，一个是工程施工原因，另一个是材料原因。墙体保温没有做好，造成室内外温差较大，这样室内空气中的水遇冷后就会凝结到墙面上，导致墙体潮湿。给、排水管或者暖气管道发生渗漏，导致墙体受潮或外部雨水渗入室内，也会导致墙体潮湿。

墙面受潮发霉解决方法

序号	解决方法
1	先让受潮的墙面有一至两个月的干燥过程
2	再在墙体上刷一层拌水泥的避水浆，起防潮作用
3	用石膏腻子填平墙面凹坑、麻面

续表

序号	解决方法
4	满刮腻子，干燥后用砂纸将墙面磨平，重复两次，并清扫干净
5	在干燥清洁的墙面上将底层涂料用涂料辊筒辊涂两遍，也可喷涂

墙面砖空鼓

在铺贴墙面砖之前要先用水泥砂浆爬平后再用砖压实，随后还要把砖拿起来打满水泥油。但是，一些师傅由于粗心，在爬平压实的过程中没有把水泥油打满，而这样就会导致空鼓。另外因为季节变化的原因，铺贴的墙面砖在水泥浆没有完全干燥的情况下，如果温度急剧下降，就会导致砂浆里的水分全部渗干。当温度又上升的时候，因为热胀冷缩的原因，砖和基层之间就会出现空洞，最终出现空鼓的现象。

> 若砖仅是局部脱落，千万不可用力敲打基础面上的砂浆，以防震松周围原本牢固的砖。墙面砖在铺贴前应用水浸泡2小时以上，让墙面砖充分吸水后，取出阴干或擦净明水；检查墙体基层抹灰是否符合要求，墙面基层脏物、灰尘必须清除干净。

墙面砖空鼓预防措施

序号	预防措施	简介
1	基层需处理好	为避免墙面砖空鼓，首先铺贴的墙面和地面基层必须处理干净，务必清除墙面上的各类污物，并提前一天用水浇湿基层，将湿度控制在30%~70%，如果基层为新墙面，待水泥砂浆干至7成时，就应该准备铺贴墙面砖
2	清洁和浸泡处理	墙面砖在铺贴施工前，需要清洗干净，如果墙面砖吸水率比较高，还需要用干净的清水浸泡，直到不冒气泡为止，一般需要2个小时，然后取出，待表面晾干后再进行铺贴
3	水泥砂浆饱满均匀	将调配好的水泥砂浆刮到砖背面时，要注意水泥砂浆需饱满均匀，不能偷工减料
4	敲击排气充分	墙面砖铺贴时，如果底部的水泥砂浆厚薄不均匀，出现盆地状凹陷，而与此同时又没有用橡胶锤敲击或者敲击排气不充分，都可能造成瓷砖出现空鼓
5	预留足够伸缩缝	墙面砖铺贴时应该预留1.5~5mm的伸缩缝，如果没有足够的伸缩缝，在受到热冲击膨胀或湿气膨胀的作用下，相邻瓷砖之间可能发生应力而相挤，导致空鼓脱落的现象发生

墙面渗水

墙面渗水一般有四种情况，分别是冷凝水引起的潮湿，墙内预埋水管渗漏引起墙体潮湿，楼上地面防水不好造成墙体潮湿以及装修时施工质量不佳导致墙体发霉。

墙面渗水解决方法

序号	种类	解决方法
1	更换水管（内墙）	先关闭阀门、断水源后，将水龙头打开至适当位置，以泄去水管内的大部分压力，然后用专用胶布捆住漏水的部位，或用环氧树脂黏结剂将其封住
2	购买堵漏防水的油漆	首先找到渗水的部位，找到以后看渗水点的大小。如果渗水的地方比较大，那么需要把墙面凿开，里面重新用膨胀水泥敷过，必要时面上刷防水涂料；如果渗水的地方不大，那么可以稍微用尖一点的东西把渗水部位清理干净，然后涂上堵漏王 待防水的处理干透后，把墙面渗水湿掉的地方用铁铲和砂子清理干净，然后刷上腻子和墙漆即可
3	联系物业进行维修（外墙或自己本身无法处理的情况引起）	外墙涂料老化，或出现裂痕，导致外墙的雨水渗入，使得房间内的墙面受潮脱落。这种情况要请物业或专业公司对外墙开裂的部分进行修补，内墙剥落的部分要铲除干净，干燥好以后重新粉刷

壁纸修复

要修复壁纸上的孔洞可以用刀片沿破损区域修剪所有破损的边，然后从壁纸余料上剪下稍稍比破损区域大的一块壁纸，通过涂抹一层黏合剂将其盖在破损区域上；如果是修复浮泡，可以切割一个"X"字形，向后掀起，将黏合剂刷入浮泡，然后按下壁纸，位于不显眼处的浮泡就不会引起注意。如果使用的是未加工过的印刷纸，则小浮泡可以随着黏合剂的风干和纸张收缩而自动消失；若是想修复壁纸接缝，可以先轻轻地提起接缝，然后用刷子在接缝下涂抹黏合剂。将接缝向下压，然后用叠缝滚压机在上面滚动。要是发现接缝有任何脱落的迹象，则使用两个或三个直别针穿过壁纸，钉在墙上，直到黏合剂变干。

壁纸孔洞修复
用刀片沿破损区域修剪所有破损的边

将裁剪后的壁纸余料覆盖于孔洞上

壁纸浮泡修复
切割后刷入黏合剂

抚平起泡处

壁纸接缝修复
提起接缝后涂抹黏合剂

按压下接缝，使用叠缝滚压机压平

4. 地面维修保养

木地板起拱、变形

地板起拱是由于地板受潮后膨胀，体积增大，而地板紧紧拼装在一起无法使其伸展。它只能向上膨胀而拱起，其原因有以下几个方面：① 地板被水泡后，地板体积增大，从而引起拱起；② 铺设时是干燥季节，榫槽插得过紧，当环境湿度猛增时，地板随环境湿度增加胀宽，由于拼装紧，无处延伸，因而引起起拱；③ 墙面与地板间未留伸缩或留得过小，也会引起地板起拱、变形。

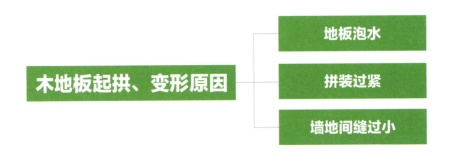

木地板起拱、变形解决方法

序号	解决方法
1	首先拆除踢脚板，并在拱起严重处用电动圆盘锯锯切一刀，使其不因为继续膨胀而再拱起，然后观察一两天，若不再拱起，把被锯的该地板换成新地板
2	若拱起严重，拆去踢脚板石，拆下旧地板，重铺，在拆除中，地板表面破损的，应换成新地板

木地板起拱、变形预防措施

序号	预防措施
1	混凝土基层地面、毛地板、龙骨、含水率必须小于WB/T 1030—2006《木地板铺设技术与质量检测》的允许值
2	隐藏工程防潮、防水、防潮隔离层，施工中必须符合铺设要求
3	地板面层铺装时，预留伸缩缝，构造伸缩缝、分段缝设置施工符合要求
4	选择稳定性良好的木地板树种
5	加强木地板铺装后的保养、通风和室内相对湿度控制

木地板虫蛀

大部分的品牌地板在制作的过程中，都会有一道工序是在高温的环境下，使木材充分干燥，同时这个步骤也会杀死木材里可能存在的虫子和虫卵。另外，成品的实木地板外还要进行油漆，这样，即使有没被杀死的虫子，也会被封死窒息而死。铺装实木地板的时候需要使用龙骨，木龙骨通常没有经过高温加工，很可能留下虫子或虫卵的隐患，潮湿和温度适宜的时候就可能遭到虫子的侵蚀，然后殃及地板，一般地板生虫最主要的原因就是潮湿。

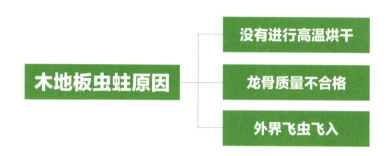

如果虫蛀的情况已经很严重了，想根治的话，建议还是请木工撬掉虫蛀的部分，在干燥的地面洒下防虫粉之后，铺上一层厚质防潮膜。因为防潮膜一般厚度有 5~10mm 左右，这样可以有效阻止地下湿气的渗透，注意要顾及墙脚的位置，因为墙角是最容易产生潮湿生虫的部位，不要让局部影响了整体。

如果想防潮更彻底些，可以再铺上一层活性炭。活性炭具有吸潮防虫的作用，不仅能有效防止地板变形，还可以吸收室内的烟味、臭味，还可以吸附二氧化碳，改善房间里的空气质量。

有人认为木地板铺装前在地面撒一层花椒可以有效防止生虫。干花椒的确可以驱虫，但很多实例表明，花椒由于潮湿生虫，反而会引发地板生虫。所以，最好的办法就是给地面多做一层防潮处理，或是给地板多刷一层防潮漆。

如果虫害的情况不太严重，不想把地板撬掉，还可以考虑用个土方法：把白石灰筛了只留细末，再准备几张 A4 纸，每两张纸为一个单位，沿着地板插在缝隙里，然后将白石灰沿着两张 A4 纸中间撒进地板下面。填白灰时要留有缝隙，不要完全填满。这些白灰能有效地吸附掉地板之间的水分，杀死虫卵。

木地板虫蛀解决方法

序号	解决方法
1	如果虫蛀的情况已经很严重了，想根治的话，建议还是请木工撬掉虫蛀的部分，在干燥的地面撒下防虫粉之后，铺上一层厚质防潮膜
2	如果想防潮更彻底些，可以再铺上一层活性炭
3	如果虫害的情况不太严重，不想把地板撬掉，还可以考虑把白石灰沿着地板插在缝隙里，吸附掉水分，杀死虫卵

地面砖爆裂、起拱

地面砖爆裂、起拱一般会有以下几种原因：① 在冬季，房间因使用空调或暖气，引起温度变化，地面砖受热不均，造成地面砖局部热胀冷缩，从而引起地面局部起拱、开裂。② 铺贴地面砖时，基层没有清理干净，表面有泥浆、浮灰、杂物、积水等隔离性物质；基层强度低于M15，施工前又不浇水湿润；黏结层水泥砂浆没有严格配合比，强度不足；地面砖未经充分浸泡；铺贴时水泥砂浆未满涂地砖，砂浆找平层厚度不均匀；木锤敲击次数不够。③ "缝越小越美"的理念，使得很多人在铺贴地砖时为美观而无缝拼接。这种"无缝拼接"的方式恰恰忽略了万物热胀冷缩的特性，当温度变化时地砖因热胀冷缩而起拱、爆裂。④ 地面砖外观尺寸不规整，配制砂浆没有使用优质水泥或砂子未精选，黏结层的"热胀冷缩、湿胀干缩"导致地面拱起、爆裂。

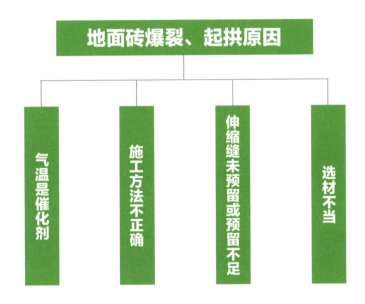

地面砖爆裂、起拱预防措施

序号	预防措施	简介
1	选材	购买地面砖时，首先应向经销商索要产品合格证和检测报告，合格的地面砖平整度误差小于0.5%，边角误差小于6%，周边尺寸偏差小于2.5mm，并选择无色差的，未见色彩差异即可，要使用优质水泥，砂子要使用经过过筛的中粗砂，并严格按1:2配合比
2	选时选温	铺设地面砖时，最好选高于10℃以上室温时，保持恒温
3	保养	地面砖铺贴完毕，不要急于上人走动，更不能在上面推车，避免因砂浆未凝固造成地面砖松动
4	弹线	在地面上弹出与门口成直角的基准线，并按1~5mm预留砖缝试摆，以保证门口处为整砖，非整砖尽量排在阴角处，或铺在家具下面，以保证良好的铺贴效果
5	浸砖	铺贴前，将地面砖用清水浸泡2~3小时以上、阴干

地毯污渍

地毯污渍常见的有油烟渍、果汁渍、墨水渍、果酒渍、啤酒渍、动植物油渍、咖啡渍等，想要清理干净这些污渍实属不易，但也并非无计可施。

地毯污渍解决方法

序号	种类	解决方法
1	油烟渍	用刷子蘸取浓盐水多刷洗几次即可；也可用棉纱蘸取纯度较高的汽油除掉
2	水果汁渍	可用 80% 左右的氨水溶液浸湿污迹，再使用毛刷蘸取氨水溶液刷洗
3	墨水渍	可往污处撒些细盐粉末，然后用湿肥皂水液刷去。陈旧墨迹宜选用鲜奶浸润透，再使用毛刷蘸取鲜奶反复地擦洗
4	果酒渍、啤酒渍	先用棉纱或软布条蘸取温洗衣粉溶液涂抹擦拭，然后再使用温水及少量食用醋溶液清洗干净
5	动植物油渍	用棉纱蘸取纯度较高的汽油反复地擦拭；也可使用洗涤剂擦拭
6	玻璃碴	若是玻璃制品打碎掉在地毯上，要除去散落在地毯上的玻璃碎片，可以用带有粘胶的胶带粘起。如果呈粉状，可用棉花蘸水粘起，或是撒点饭粒将其粘住先扫一扫，再用吸尘器吸一吸，就会清除干净
7	口香糖渍	地毯一旦附着口香糖残渣，切不可用湿抹布擦，更不能用热抹布擦。要用冰块冷却，然后再轻轻刮下来
8	焦痕	地毯不慎被火燎后会留下一块难看的焦痕，其补救方法为：用硬毛刷子将烧焦部分的毛刷掉，再把压在家具下的地毯毛刷起来后，用剪刀剪下，用黏合剂把它粘在烧焦处，用较重的有平面的东西压在上面。黏合剂干燥后，粘上去的毛就牢固了，再用刷子轻轻梳理即可
9	巧克力渍	立即将巧克力从地毯上刮掉。用 1 茶匙洗涤剂、1 茶匙白醋和约 1 升温水混合配成溶液。将该溶液倒在污渍处。然后冲洗干净。用吸尘器慢慢清扫
10	咖啡渍	立即将洒在地毯上的咖啡吸干。然后，用 1 茶匙洗涤剂、1 茶匙白醋和约 1 升温水混合配成溶液。将该溶液倒在污渍处，然后晾干地毯。倒上干洗液。在地毯晾干之后，用吸尘器慢慢清扫

八、施工常见问题

1. 贴瓷砖出现干裂的处理办法

由于瓷砖的质量不好，材质疏松及吸水率大，在冻融转换、干缩的作用下，产生内应力作用而开裂，裂纹的形状有单块条裂和几块通缝裂、冰炸纹裂等多种，严重影响美观性和使用性，应选用材质密实、吸水率小、质地较好的瓷砖。在泡水时一定要泡至不冒气泡为准，且不少于 2 小时。在操作时不要大力敲击砖面，防止产生隐伤，并随时将砖面上的砂浆擦拭干净。

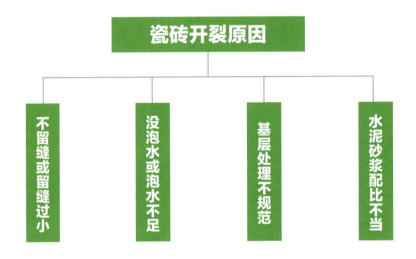

瓷砖开裂预防措施

序号	原因	预防措施
1	不留缝或留缝过小	由于瓷砖及填缝剂都会有热胀冷缩现象，铺贴时应预留适当缝隙；另外，填缝剂是一种有韧性的、强度较低的柔性产品，可在一定程度上弥补了瓷砖热胀冷缩的膨胀系数，避免空鼓、开裂
2	没泡水或泡水不足	用水泥砂浆来铺贴瓷砖（主要指墙砖），需要把瓷砖提前浸水两个小时左右或以上。如果砖的密度越高、质量越好，需要浸水的时间越短
3	基层处理不规范	在墙上铺砖前，先请施工人员对墙体进行检测，看墙体的状态是否适合铺贴，方可在其上铺贴瓷砖
4	水泥砂浆配比不当	选择正规家装公司以及合格的工艺材料，施工时注意粘贴剂的比例配比

2. 受潮发霉墙面的处理办法

墙面一旦受潮发霉，就需要及时清除霉菌，用杀毒水、84消毒液或漂白水溶液（稀释至5%~10%）擦拭墙面，将霉菌斑擦干净。如果墙面发霉严重，并且面积较大时，则需要重新施工刷底漆和面漆，最好选择防霉性较好的产品。

如果贴有壁纸的墙面受潮后，壁纸可能出现起翘、变形和变色。如果墙纸发霉，程度较轻的，用半干的抹布擦掉，再用电吹风局部吹干即可。较为严重的，建议整体更换墙面壁纸。

而卫生间漏水极为常见，吊顶受潮情况时有发生。卫生间一般都有吊顶，渗水墙面会被隐藏起来，所以不需要特别处理。渗水严重的话需要楼上邻居重做防水。卫生间吊顶如果是铝扣板的，解决渗水后只需擦干净即可，若是防水石膏板则需更换。

▲ 墙壁发霉对人体健康会造成很大的危害，墙体霉菌孢子在适合的环境下很容易滋生

墙面受潮发霉解决方法

序号	解决方法
1	当墙体已出现霉斑时，可先采用（干）牙刷将霉渍刷走，再用软布蘸酒精轻轻抹擦，这样可以使墙壁干燥，阻止霉菌滋生
2	漂白水（粉）加水以1:99的比例倒进喷水瓶，喷在有发霉的墙体可立即解决墙体发霉问题。用抹布擦拭墙面；再以清水洗净，墙面干燥后刷上防霉漆，则能长时间防潮。此外，市面上还有一种家用的便捷型防水修复剂，只需跟杀虫剂一样朝渗漏墙地面的缝隙喷一下就可以了，操作起来十分便利
3	在霉菌不太严重的情况下，使用80%的酒精洗刷墙壁就足够了。清洗时要注意通风，应戴防护手套、口罩和眼镜。为了避免再次发霉应当注意使墙体彻底干燥，消除霉菌的成因以及正确取暖和通风
4	在天气潮湿期间，尽量少开窗。此外，尽量使墙壁干爽，在潮湿天气可借助抽湿机、冷气机、风扇，吸走墙体上的水分。一旦墙体或家具有水汽出现，就应该立即用干抹布擦除

3. 墙面抹灰不做基层的后果

如果基层比较光滑而没有进行毛化处理，会影响水泥砂浆层与基层的黏结力，导致水泥砂浆层容易脱落；如果基层浇水没有浇透，会使抹灰后砂浆中的水分很快被基层吸收，从而影响水泥的水化作用，降低水泥砂浆与基层的黏结性能，易使抹灰层出现空鼓、开裂等问题。

▶ 墙面抹灰不做基层导致水泥砂浆层容易脱落

4. 抹灰不分层的后果

抹灰不分层，一次抹压成活，难以抹压密实，很难与基层黏结牢固。且由于砂浆层一次成型，其厚度厚、自重大，易下坠并将灰层拉裂，同时也易出现起鼓、开裂的现象。抹灰应分层进行，且每层之间要有一定的时间间隔。一般情况下，当上一层抹灰面七八成干时，方可进行下一层面的抹灰。

▲ 抹灰不分层很难与基层黏接牢固

第四章 监理验收

装修质量控制是家庭装修的重要步骤，对装修中的各个部分进行阶段性控制可以避免装修后期一些质量问题的出现。并且每个阶段验收项目都不相同，尤其是中期阶段的隐蔽工程验收，对家庭装修的整体质量来说至关重要。

家居装修从入门到精通 施工篇

一、验收常识

1. 验收各个阶段

装修中，最重要的是选材、设计和施工，那么比这些还重要的，就是最后的验收工作了，做得如何，要经得起考验才是。一方面，装修团队要审视自己的工作；另一方面，业主也要做好监督施工与质量验收。装修质量影响着未来家居生活的安全与品质，了解一定的装修知识，认真地做好验收工作，才能打造一个放心的家。在验收时一定要把好三大关。

```
                ┌── 材料验收
验收阶段 ───────┼── 隐蔽工程验收
                └── 竣工验收
```

材料验收

验收工作第一步是对材料进行验收。正规装饰公司与客户签订合同时会同时签订一份材料说明单，详细表明所需材料的品牌、规格和质量等级，双方应根据材料说明单来验收材料。由于施工现场空间有限，材料会分多次进行验收。一般来说，施工前需验收的材料有水管、电线、木板、腻子、水泥、沙子等，随着工程推进后期会陆续验收瓷砖、油漆、涂料等。材料采购以后，采购方要通知合同的另一方准备对材料进行验收，最好在材料进场时进行。此次约定验收时间非常必要，以免出现材料进场时，另一方没有时间对材料进行验收，影响施工进度。

▲ 合同中规定的验收人必须到场，无论是家装行业内人士还是消费者都应该认真对待，以免后期出现不必要的麻烦或纠纷

隐蔽工程验收

隐蔽工程进行或完成时,要进行一次中期重点验收,这对保证家庭装修的整体质量尤为重要,其验收是否合格将会影响后期多个家装项目的进行。一般家装进行15天左右就可进行中期验收(别墅施工时间相对较长),可分两次进行,第一次验收涉及吊顶、水电路、木制品等项目,第二次验收则是专门对家装中使用防水的房间进行检验。如果发现问题或希望进行一些局部变更,最好在此阶段及时提出。

▲ 隐蔽工程验收是否合格将会影响后期多个家装项目的进行

竣工验收

竣工验收是家装工程验收的最后一道关，要验收所有合同中约定或未约定的细节，发现问题及时提出，要尽可能地做到细致入微。如果对家装工程缺少了解，消费者还可请专业人士或第三方验收机构协助验收。

种 类	图 例	简 介
门窗验收		○ 应注意门窗开启是否正常 ○ 门窗是否与墙面贴合紧密 ○ 缝隙是否适度（一般以0.5cm为佳）
瓦工验收		○ 注意地面是否有倾斜现象 ○ 砖面缝隙是否规整一致 ○ 洗手间、阳台等有地漏的地面是否有足够的排水倾斜度 ○ 砖面是否有破碎崩角现象
油漆验收		○ 用手触摸墙面，感觉漆面是否光滑、柔和、平整没有颗粒 ○ 墙面应没有空鼓、起泡、开裂，没有污迹存在
木工验收		○ 看构造是否直平，转角是否准确 ○ 拼花是否严密，弧度与圆度是否顺畅圆滑 ○ 柜体柜门开关是否正常 ○ 天花角线接驳处有无明显不对纹和变形 ○ 地脚线是否安装平直
杂项验收		○ 检查灯具能否全部正常照明 ○ 工程垃圾是否已经全部清除 ○ 洁具及其他安装品是否安装准确 ○ 马桶包括储水及冲水、洗手盆排水是否正常

2. 验收工具

种类	图例	简介
卷尺		◉ 卷尺不光装修公司要用，同样它也是大家日常生活中常用的工具，在验房时主要用来测量房屋的净高、净宽和橱柜等的尺寸。检验装修公司预留的空间是否合理，橱柜的大小是否和原设计一致
垂直检测尺（靠尺）		◉ 垂直检测尺是别墅装修监理中使用频率最高的一种检测工具，用来检测墙面、瓷砖是否平整、垂直，地板龙骨是否水平、平整
塞尺		◉ 将塞尺头部插入缝隙中，插紧后退出，游码刻度就是缝隙大小，检查它们是否符合要求
对角检测尺		◉ 将尺子放在方形物体的对角线上进行测量
方尺		◉ 方尺主要用来检测墙角、门窗边角是否呈直角，使用时，只需将方尺放在墙角或门窗内角，看两条边是否和尺的两边吻合
检验锤		◉ 这个可以自由伸缩的小金属锤是专门用来测试墙面和地面的空鼓情况的，通过敲打时发出的声音来判断墙面是否存在空鼓现象
磁石笔		◉ 这个貌似笔头的工具里面是一块磁铁，具有很强的磁性，专门用来测试门窗内部是否有钢衬。由于合格的塑钢窗内部是由钢衬支撑的，可以保持门窗不变形，如果门窗内部有钢衬就能紧紧吸住这个磁铁笔
试电插座		◉ 用来测试电路内线序是否正常的必备工具。插座上有三个指示灯，从左至右分别表示零线、地线、火线。当右边的两个指示灯同时亮时，表示电路是正常的，当三个灯全部熄灭时则表示电路中没有火线；只有中间的灯亮时表示缺地线；只有右边的灯亮时表示缺零线

◎ 家居装修从入门到精通 施工篇

二、装修质量验收

1. 装修质量监控

装修质量监控是家庭装修的重要步骤，对装修中的各个部分进行阶段性控制可以避免装修后期一些质量问题的出现。每个阶段验收项目都不相同，尤其是中期阶段的隐蔽工程验收，对家庭装修的整体质量来说至关重要。

```
                    ┌── 装修初期质量监控
    装修质量监控 ────┼── 装修中期质量监控
                    └── 装修后期质量监控
```

装修初期质量监控

初期检验最重要的是检查进场材料（如腻子、胶类等）是否与合同中预算单上的材料一致，尤其要检查水电改造材料（电线、水管）的品牌是否属于前期确定的品牌，避免进场材料中掺杂其他材料影响后期施工。如果业主发现进场材料与合同中的品牌不同，则可以拒绝在材料验收单上签字，直至与装修公司协商解决后再签字。

▶ 初期检验最重要的是检查进场材料是否与预算单上的材料一致

装修中期质量监控

一般装修进行15天左右就可进行中期检验（别墅施工时间相对较长），中期检验分为第一次检验与第二次检验。中期工程是装修检验中最复杂的步骤，其检验是否合格将会影响后期多个装修项目的进行。

序号	种类	质量监控内容
1	吊顶	◉ 检查吊顶的木龙骨是否涂刷了防火材料 ◉ 检查吊杆的间距，吊杆间距不能过大否则会影响其承受力，间距应在600～900mm ◉ 查看吊杆的牢固性，是否有晃动现象
2	水路改造	◉ 进行打压实验，打压时压力不能小于6千克力，打压时间不能少于15分钟 ◉ 检查压力表是否有泄压的情况，如果出现泄压则要检查阀门是否关闭
3	电路改造	◉ 注意使用的电线是否为预算单中确定的品牌以及电线是否达标 ◉ 检查插座的封闭情况，如果原来的插座进行了移位，移位处要进行防潮防水处理
4	木制品	◉ 现场制作的木制品首先要注意其外形是否符合设计要求、尺寸是否精确 ◉ 现场制作的木门还应验收门的开启方向是否合理，木门上方和左右的门缝不能超过3mm，下缝一般为5～8mm
5	墙砖、地砖	◉ 可以使用小锤子敲打墙、地砖的边角，检查是否存在空鼓现象，空鼓率不能超过5% ◉ 注意瓷砖的品牌是否相同、是否是同一批号以及是否在同一时间铺贴 ◉ 检查墙、地砖砖缝的美观度，无缝砖的砖缝在1.5mm左右，不能超过2mm，边缘有弧度的瓷砖砖缝为3mm左右
6	墙面、地面	◉ 检查其腻子的平整度，可以用靠尺进行检验，误差在2～3mm以内为合格 ◉ 注意阴阳角是否方正、顺直
7	防水	◉ 进行闭水实验，24小时后询问楼下邻居是否有渗漏现象 ◉ 检验淋浴间墙面的防水，可以先检查墙面的刷漆是否均匀一致，有无漏刷现象，尤其要检查阴阳角是否有漏刷，避免阴阳角漏刷导致返潮发霉

装修后期质量控制

地漏切割、安装

后期控制相对中期检验来说比较简单,主要是对中期项目的收尾部分进行检验。如木制品、墙面、顶面,业主可对其表面油漆、涂料的光滑度、是否有流坠现象以及颜色是否一致进行检验。

电路方面主要查看插座的接线是否正确以及是否通电,卫浴间的插座应设有防水盖;水路改造的检查同样还是重点,业主需要检查有地漏的房间是否存在"倒坡"现象,检验方法非常简单:打开水龙头或者花洒,一定时间后看地面流水是否通畅,有无局部积水现象。除此之外,还应对地漏的通畅、坐便器和面盆的下水进行检验。

▲ 同一室内安装的插座高低差不应大于 5mm

▲ 检查有地漏的房间是否存在"倒坡"现象

检验地板时,应查看地板的颜色是否一致,是否有起翘、响声等情况。检验塑钢窗时,可以检查塑钢窗的边缘是否留有 1~2cm 的缝隙填充发泡胶。此外还应检查塑钢窗的牢固性,一般情况下,每 60~90cm 应该打一颗螺栓固定塑钢窗,如果塑钢窗的固定螺栓太少将影响塑钢窗的使用。在进行尾期检验时,消费者还应该注意一些细节问题,例如厨房、卫浴间的管道是否留有检查备用口,水表、气表的位置是否便于读数等。

▲ 窗户面积较大及高层建筑较多,型材的壁厚应选择 > 2.5mm

2. 水路施工质量验收

对水路改造的检验主要是进行打压实验，打压时压力不能小于 6 千克力，打压时间不能少于 15 分钟，然后检查压力表是否有 泄压的情况，如果出现泄压则要检查阀门是否关闭，如果出现管道漏水问题要立即通知项目负责人，将管道漏水情况处理后才能进行下一步施工。

水管热熔连接

水路施工质量验收表

序号	检验标准
1	管道工程施工符合工艺要求外，还应符合国家有关标准规范
2	给水管道与附件、器具连接严密，经通水实验无渗水
3	排水管道应畅通，无倒坡、无堵塞、无渗漏，地漏篦子应略低于地面
4	卫生器具安装位置正确，器具上沿要水平端正牢固，外表光洁无损伤
5	管材外观质量：管壁颜色一致，无色泽不均匀及分解变色线，内外壁应光滑、平整无气泡、裂口、裂纹、脱皮、痕纹及碰撞凹陷。公称外径不大于32mm，盘管卷材调直后截断面应无明显椭圆变形
6	管检验压力，管壁应无膨胀、无裂纹、无泄漏
7	明管、主管管外皮距墙面距离一般为 2.5~3.5cm
8	冷热水间距一般不小于 150~200mm
9	卫生器具采用下供水，甩口距地面一般为 350~450mm
10	洗脸盆、台面距地面一般为 800mm，沐浴器为 1800~2000mm
11	阀门注意方面：低进高出，沿水流方向

3. 电路施工质量验收

万用表测试电线

检验电路改造时要检查插座的封闭情况,如果原来的插座进行了移位,移位处要进行防潮防水处理,应用三层以上的防水胶布进行封闭。同时还要检验吊顶里的电路接头是否也用防水胶布进行了处理。

▲ 严禁强弱电共用一管和一个底盒,强电线路平行间距不能低于3cm,最好是50cm

电路施工质量验收表

序号	检验标准
1	所有房间灯具使用正常
2	所有房间电源及空调插座使用正常
3	所有房间电话、音响、电视、网络使用正常
4	有详细的电路布置图,标明导线规格及线路走向
5	灯具及其支架牢固端正,位置正确,有木台的安装在木台中心
6	导线与灯具连接牢固紧密,不伤灯芯,压板连接时无松动水平无斜,螺栓连接时,在同一端子上导线不超过两根,防松垫圈等配件齐全

4. 隔墙施工质量验收

隔墙板材的品种、规格、性能、颜色应符合设计要求；如有隔声、隔热、防潮等特殊要求的工程，板材应有相应性能等级的检测报告。

包立管

隔墙施工质量验收表

序号	检验标准
1	骨架隔墙所用龙骨、配件、墙面板、填充材料及嵌缝材料的品种、规格、性能和技术木材含水率应符合设计要求。有隔声、隔热、阻燃、防潮等特殊要求的工程，材料应有相应性能等级检测报告
2	骨架隔墙工程边框龙骨必须与基体结构连接牢固，并应平整、垂直、位置正确
3	骨架隔墙中龙骨间距和构造连接方法应符合设计要求。骨架内设备管线的安装、门窗洞口等部位加强龙骨应安装牢固、位置正确，填充材料的设置应符合设计要求
4	木龙骨及木墙面板的防火和防腐处理应符合设计要求
5	墙面板所用接缝材料的接缝方法应符合设计要求
6	骨架隔墙表面应平整光滑、色泽一致、洁净、无裂缝，接缝应均匀、顺直
7	骨架隔墙上的孔洞、槽、盒应位置正确、套割吻合、边缘整齐
8	骨架隔墙内的填充材料应干燥，填充应密实、均匀、无下坠

5. 墙面抹灰质量验收

砖墙或混凝土基层抹灰后，由于水分的蒸发、材料的收缩系数不同、基层材料不同等，容易在不同基层墙面的交接处，如接线盒周围等，出现空鼓、裂缝问题。做好抹灰前的基层处理是确保抹灰质量的关键措施之一，必须认真对待。墙面上所有的接线盒的安装时间应注意，一般在墙面打点冲筋后进行。抹灰工与电工同时配合作业，安装后接线盒与冲筋面相平，因此可避免接线盒周围出现空鼓、裂缝等质量问题。

墙面抹灰质量验收表

序号	检验标准
1	抹灰前将基层表面的尘土、污垢、油污等清理干净，并应浇水湿润
2	一般抹灰所用的材料的品种和性能应符合设计要求。水泥的凝结时间和安定性复检应合格。砂浆的配合比应符合设计要求
3	抹灰工程应分层进行。当抹灰总厚度大于或等于35mm时，应采取加强措施。不同材料基体交接处表面的抹灰，应采取防止开裂的加强措施，当采用加强网时，加强网与各基体的搭接宽度不应小于100mm
4	抹灰层与基层之间及各抹灰层之间必须黏结牢固，抹灰层应无脱层、空鼓，面层应无爆灰和裂缝等缺陷
5	一般抹灰工程的表面质量应符合下列规定：普通抹灰表面应光滑、洁净、平整，分格缝应清晰；高级抹灰表面应光滑、洁净、颜色均匀、无抹纹，分格缝和灰线应清晰美观
6	护角、孔洞、槽、盒周围的抹灰表面应整齐、光滑。管道后面的抹灰表面应平整
7	抹灰总厚度应符合设计要求，水泥砂浆不得抹在石灰砂浆上，罩面石膏灰不得抹在水泥砂浆层上
8	抹灰分格缝的设置应符合设计要求，宽度和深度应均匀，表面应光滑，棱角要整齐
9	有排水要求的部位应做滴水线（槽）。滴水线（槽）应整齐平顺，滴水线应内高外低，滴水槽的宽度和深度均应不小于10mm

6. 墙砖施工质量验收

墙砖施工质量验收表

序号	检验标准
1	陶瓷墙砖的品种、规格、颜色和性能应符合设计要求
2	陶瓷墙砖粘贴必须牢固
3	满粘法施工的陶瓷墙砖工程应无空鼓、裂缝
4	陶瓷墙砖表面应平整、洁净，色泽一致，无裂痕和缺损

续表

序号	检验标准
5	阴阳角处搭接方式、非整砖的使用部位应符合设计要求
6	墙面突出物周围的陶瓷墙砖应整砖套割吻合,边缘应整齐。墙裙、贴脸突出墙面的厚度应一致
7	陶瓷墙砖接缝应平直、光滑,填嵌应连续、密实;宽度和深度应符合要求

马赛克施工质量快速验收表

序号	检验标准
1	马赛克的品种、规格、颜色和性能应符合设计要求
2	马赛克粘贴必须牢固
3	满粘法施工的马赛克工程应无空鼓、裂缝
4	马赛克表面应平整、洁净,色泽一致,无裂痕和缺损
5	阴阳角处搭接方式、非整砖使用部位应符合要求

7. 乳胶漆与油漆施工质量验收

乳胶漆施工质量快速验收表

混油喷漆验收细节

序号	检验标准
1	所用乳胶漆的品种、型号和性能应符合设计要求
2	墙面涂刷的颜色、图案应符合设计要求
3	墙面应涂饰均匀、黏结牢固,不得漏涂、透底、起皮和掉粉
4	基层处理应符合要求
5	表面颜色应均匀一致

续表

序号	检验标准
6	不允许或允许少量轻微出现泛碱、咬色等质量缺陷
7	不允许或允许少量轻微出现流坠、疙瘩等质量缺陷
8	不允许或允许少量轻微出现砂眼、刷纹等质量缺陷

木材表面涂饰施工质量验收表

序号	检验标准
1	木材表面涂饰工程所用涂料的品种、型号和性能应符合要求
2	木材表面涂饰工程的颜色、图案应符合要求
3	木材表面涂饰工程应涂饰均匀、黏结牢固，不得漏涂、透底、起皮和掉粉
4	木材表面涂饰工程的表面颜色应均匀一致
5	木材表面涂饰工程的光泽度与光滑度应符合设计要求
6	木材表面涂饰工程中不允许出现流坠、疙瘩、刷纹等的质量缺陷
7	木材表面涂饰工程的装饰线、分色直线度的尺寸偏差不得大于1mm

8. 饰面板施工质量验收

木质饰面板施工质量验收表

序号	检验标准
1	木板饰面板的品种、规格、颜色和性能应符合设计要求，木龙骨、木饰面板的燃烧性能等级应符合要求
2	木板饰面板的孔、槽数量、位置及尺寸应符合要求

续表

序号	检验标准
3	木板饰面板的表面应平整、洁净、色泽一致,无裂痕和缺损
4	木板饰面板的嵌缝应密实、平直,宽度和深度应符合设计要求,嵌填材料色泽应一致

铝合金饰面板施工质量验收表

序号	检验标准
1	铝合金饰面板的品种、规格、颜色和性能应符合要求
2	铝合金饰面板安装工程的预埋件、连接件的数量、规格、位置、连接方法和防腐处理必须符合设计要求。后置埋件的现场拉拔强度也必须符合设计要求。铝合金饰面板的安装必须牢固
3	铝合金饰面板的表面应平整、洁净、色泽一致,无裂痕和缺损
4	铝合金饰面板的嵌缝应密实、平直,宽度和深度应符合设计要求

大理石饰面板施工质量验收表

序号	检验标准
1	大理石饰面板的品种、规格、颜色和性能应符合要求
2	大理石饰面板安装工程的预埋件、连接件的数量、规格、位置、连接方法和防腐处理必须符合设计要求
3	后置埋件的现场拉拔强度也必须符合设计要求
4	大理石饰面板的安装必须牢固
5	大理石饰面板的表面应平整、洁净、色泽一致,无裂痕和缺损
6	石材表面应无泛碱等污染
7	大理石饰面板的嵌缝应密实、平直,宽度和深度应符合设计要求,嵌填材料色泽应一致

续表

序号	检验标准
8	采用湿作业法施工的大理石饰面板工程，石材应进行防碱背涂处理，饰面板与基体之间的灌注材料应饱满密实
9	大理石饰面板上的孔洞应套割吻合，边缘应整齐

9. 壁纸与软包施工质量验收

壁纸裱糊施工质量验收表

序号	检验标准
1	壁纸的种类、规格、图案、颜色和燃烧性能等级必须符合要求
2	壁纸应粘贴牢固，不得有漏贴、补贴、脱层、空鼓和翘边
3	裱糊后各幅拼接应横平竖直，拼接处花纹、图案应吻合、不离缝、不搭接，且拼缝不明显
4	裱糊后壁纸表面应平整，色泽应一致，不得有波纹起伏、气泡、裂缝、褶皱和污点，且斜视应无胶痕
5	复合压花壁纸的压痕及发泡壁纸的发泡层应无损坏
6	壁纸与各种装饰线、设备线盒等应交接严密
7	壁纸边缘应平直整齐，不得有纸毛、飞刺
8	壁纸的阴角处搭接应顺光，阳角处应无接缝

软包施工质量验收表

序号	检验标准
1	软包面料、内衬材料及边框的材质、图案、颜色、燃烧性能等级和木材的含水率必须符合要求
2	软包工程的安装位置及构造做法应符合要求
3	软包工程的龙骨、衬板、边框应安装牢固，无翘曲，拼缝应平直
4	单块软包面料不应有接缝，四周应绷压严密

续表

序号	检验标准
5	软包工程表面应平整、洁净、无凹凸不平及褶皱；图案应清晰、无色差，整体应协调美观
6	软包边框应平整、顺直、接缝吻合。其表面涂饰质量应符合涂饰工程的有关规定
7	清漆涂饰木制边框的颜色、木纹应协调一致

吊顶施工质量验收表

序号	检验标准
1	吊顶的标高、尺寸、起拱和造型是否符合设计的要求
2	饰面材料的材质、品种、规格、图案和颜色应符合设计要求
3	当饰面材料为玻璃板时，应使用安全玻璃或采取可靠的安全措施
4	饰面材料的安装应稳固严密。饰面材料与龙骨的搭接宽度应大于龙骨受力面宽度的2/3
5	吊杆、龙骨的材质、规格、安装间距及连接方式应符合设计要求
6	金属吊杆、龙骨应进行表面防腐处理；木龙骨应进行防腐、防火处理
7	明龙骨吊顶工程的吊杆和龙骨安装必须牢固
8	暗龙骨吊顶工程的吊杆、龙骨和饰面材料的安装必须牢固
9	石膏板的接缝应按其施工工艺标准进行板缝防裂处理
10	安装双层石膏板时，面板层与基层板的接缝应错开，并不得在同一根龙骨上接缝
11	饰面材料表面应洁净、色泽一致，不得有曲翘、裂缝及缺损。饰面板与明龙骨的搭接应平整、吻合，压条应平直、宽窄一致
12	饰面板上的灯具、烟感器、喷淋等设备的位置应合理、美观，与饰面板的交接应严密吻合
13	金属龙骨的接缝应平整、吻合、颜色一致，不得有划伤、擦伤等表面缺陷
14	木质龙骨应平整、顺直、无劈裂
15	吊顶内填充吸声材料的品种和铺设厚度应符合设计要求，并应有防散落措施

10. 地面铺装质量验收

800×800 地砖铺贴

陶瓷地面砖施工质量验收表

序号	检验标准
1	面层与下一层的结合（黏结）应牢固，无空鼓
2	面层所用的板块品种、质量必须符合设计要求
3	砖面层的表面应洁净、图案清晰、色泽一致、接缝平整、深浅一致、周边直顺。板块无裂纹、掉角和缺棱等缺陷
4	面层邻接处的镶边用料及尺寸应符合设计要求，边角整齐且光滑
5	踢脚线表面应洁净、高度一致、结合牢固、出墙厚度一致
6	楼梯踏步和台阶板块的缝隙宽度应一致、齿角整齐。楼段相邻踏步高度差不应大于10mm，且防滑条应顺直
7	面层表面的坡度应符合设计要求，不倒泛水、无积水，与地漏、管道结合处应严密牢固，无渗漏

石材地面施工质量验收表

序号	检验标准
1	大理石、花岗岩面层所用板块的品种、质量应符合设计要求
2	面层与下一层的结合（黏结）应牢固，无空鼓
3	大理石、花岗岩面层的表面应洁净、图案清晰、色泽一致、接缝平整、深浅一致、周边直顺。板块无裂纹、掉角和缺棱等缺陷
4	踢脚线表面应洁净、高度一致、结合牢固、出墙厚度一致
5	楼梯踏步和台阶板块的缝隙宽度应一致、齿角整齐。楼段相邻踏步高度差不应大于10mm，且防滑条应顺直、牢固
6	面层表面的坡度应符合设计要求，不倒泛水、无积水，与地漏、管道结合处应严密牢固，无渗漏

11. 地板铺设质量验收

实木地板安装细节

实木地板铺设质量验收表

序号	检验标准
1	实木地板面层所采用的材质和铺设时的木材含水率必须符合要求
2	木地板面层所采用的条材和块材，其技术等级及质量要求应符合要求
3	木格栅、垫木和毛地板等必须做防腐、防蛀处理
4	木格栅安装应牢固、平直
5	面层铺设应牢固、黏结无空鼓
6	实木地板的面层是非免刨免漆产品，应刨平、磨光，无明显刨痕和毛刺等现象。实木地板的面层图案应清晰、颜色均匀一致
7	面层缝隙应严密、接缝位置应错开、表面要洁净
8	拼花地板的接缝应对齐、粘钉严密。缝隙宽度应均匀一致。表面洁净、无溢胶

复合地板铺设质量验收表

序号	检验标准
1	强化复合地板面层所采用的材料，其技术等级及质量要求应符合要求
2	面层铺设应牢固、黏结无空鼓
3	强化复合地板面层的颜色和图案应符合设计要求。图案应清晰、颜色应均匀一致、板面无翘曲
4	面层接头应错开、缝隙要严密、表面要洁净
5	踢脚线表面应光滑、接缝严密、高度一致

12. 门窗安装质量验收

塑钢门窗安装质量验收表

序号	检验标准
1	塑钢门窗的品种、类型、规格、开启方向、安装位置、连接方法及填嵌密封处理应符合要求
2	内衬增强型钢的壁厚及设置应符合质量要求
3	塑钢门窗框的安装必须牢固
4	固定片或膨胀螺栓的数量与位置应正确,连接方式应符合要求
5	固定点应距穿角、中横框、中竖框150~200mm,固定点间距应不大于600mm
6	塑钢门窗拼樘料内衬增强型钢的规格、壁厚必须符合要求,型钢应与型材内腔紧密吻合,其两端必须与洞口固定牢固
7	窗框必须与拼樘料连接紧密,固定点间距不应大于600mm
8	塑钢门窗扇应开关灵活、关闭严密,无倒翘
9	推拉门窗扇必须有防脱落措施
10	塑钢门窗配件的型号、规格、数量应符合设计要求,安装应牢固,位置应正确,功能应满足使用要求
11	塑钢门窗框与墙体间缝隙应采用闭孔弹性材料填嵌饱满,表面应采用密封胶密封,密封胶应黏结牢固,表面应光滑、顺直、无裂纹
12	塑钢门窗表面应洁净、平整、光滑、大面应无划痕、碰伤
13	塑钢门窗扇的密封条不得脱槽、旋转窗间隙应基本均匀
14	平开门窗扇应开关灵活,平铰链的开关力应不大于80N
15	滑撑铰链的开关力应不大于80N,并不小于30N
16	推拉门窗扇的开关力应不大于100N

木门窗安装质量验收表

序号	检验标准
1	木门窗的品种、类型、规格、开启方向、安装位置及连接方法应符合要求
2	门窗框的安装必须牢固。预埋木砖的防腐处理、木门窗框固定点的数量、位置及固定方法应符合要求
3	木门窗扇必须安装牢固,并应开关灵活、关闭严密无倒翘
4	木门窗配件的型号、规格、数量应符合设计要求,安装应牢固、位置应正确,功能应满足使用要求
5	木门窗与墙体间缝隙的填嵌材料应符合设计要求,填嵌应饱满。寒冷地区外门窗(或门窗框)与砌体间的空隙应填充保温材料

铝合金门窗安装质量验收表

序号	检验标准
1	铝合金门窗的品种、类型、规格、开启方向、安装位置、连接方法及铝合金门窗的型材壁厚应符合设计要求
2	铝合金门窗的防腐处理及填嵌、密封处理应符合要求
3	铝合金门窗框的安装必须牢固。预埋件的数量、位置、埋设方式、与框的连接方式应符合要求
4	铝合金门窗扇必须安装牢固,并应开关灵活、关闭严密无倒翘。推拉门窗扇必须有防脱落措施
5	铝合金门窗配件的型号、规格、数量应符合设计要求,安装应牢固、位置应正确,功能应满足使用要求
6	铝合金门窗表面应洁净、平整、光滑、色泽一致、无锈蚀,大面应无划痕、碰伤。漆膜或保护层应连续
7	铝合金门窗推拉门窗扇开关力应不大于100N
8	铝合金门窗框与墙体之间的缝隙应填嵌饱满,并采用密封胶密封。密封胶表面应光滑、顺直、无裂纹
9	门窗扇的橡胶密封条或毛毡密封条应安装完好,不得脱槽
10	有排水孔的铝合金门窗,排水孔应畅通,位置和数量应符合设计要求

13. 木作安装质量验收

衣柜榫卯固定制作

窗帘盒（杆）安装质量验收表

序号	检验标准
1	窗帘盒（杆）施工所使用的材料的材质及规格、木材的燃烧性能等级和含水率、人造板材的甲醛含量应符合要求和国家规定
2	窗帘盒（杆）的造型、规格、尺寸、安装位置和固定方法必须符合要求。窗帘盒（杆）的安装必须牢固
3	窗帘盒（杆）配件的品种、规格应符合设计要求，安装应牢固
4	窗帘盒（杆）的表面应平整、洁净、线条顺直、接缝严密、色泽一致，不得有裂缝、翘曲及损坏

橱柜安装质量验收表

序号	检验标准
1	厨房设备安装前的检验
2	吊柜的安装应根据不同的墙体采用不同的固定方法
3	底柜安装应先调整水平旋钮，保证各柜体台面、前脸均在一个水平面上，两柜连接使用木螺钉，后背板通管线、表、阀门等应在背板划线打孔
4	安装洗物柜底板下水孔处要加塑料圆垫，下水管连接处应保证不漏水、不渗水，不得使用各类胶黏剂连接接口部分
5	安装不锈钢水槽时，应保证水槽与台面连接缝隙均匀，不渗水
6	安装水龙头，要求安装牢固，上水连接不能出现渗水现象
7	抽油烟机的安装，要注意吊柜与抽油烟机罩的尺寸配合，应达到协调统一
8	安装灶台，不得出现漏气现象，安装后用肥皂沫检验是否安装完好

14. 卫浴洁具安装质量验收

洗手盆安装质量验收表

序号	检验标准
1	洗手盆产品应平整无损裂
2	排水栓应有不小于 8mm 直径的溢流孔
3	排水栓与洗手盆连接时，排水栓溢流孔应尽量对准洗手盆溢流孔，以保证溢流部位畅通，镶接后排水栓上端面应低于洗手盆底
4	托架固定螺栓可采用不小于 6mm 的镀锌开脚螺栓或镀锌金属膨胀螺栓（如墙体是多孔砖，则严禁使用膨胀螺栓）
5	洗手盆与排水管连接后应牢固密实，且便于拆卸，连接处不得敞口
6	洗手盆与墙面接触部应用硅膏嵌缝。如洗手盆排水存水弯和水龙头是镀铬产品，在安装时不得损坏镀层

浴缸安装质量验收表

序号	检验标准
1	在安装裙板浴缸时，其裙板底部应紧贴地面，楼板在排水处应预留 250～300mm 洞孔，便于排水安装，在浴缸排水端部墙体设置检修孔
2	其他各类浴缸可根据有关标准或用户需求确定浴缸上平面高度
3	如浴缸侧边砌裙墙，应在浴缸排水处设置检修孔或在排水端部墙上开设检修孔
4	各种浴缸冷、热水龙头或混合龙头其高度应高出浴缸上平面 150mm
5	安装时应不损坏镀铬层。镀铬罩与墙面应紧贴。固定式淋浴器、软管
6	淋浴器其高度可按有关标准或按用户需求安装
7	浴缸安装上平面必须用水平尺校验平整，不得侧斜
8	浴缸上口侧边与墙面结合处应用密封膏填嵌密实
9	浴缸排水与排水管连接应牢固密实，且便于拆卸，连接处不得敞口

坐便器安装质量验收表

序号	检验标准
1	给水管安装角阀高度一般距地面至角阀中心为250mm，如安装连体坐便器应根据坐便器进水口离地高度而定，但不小于100mm，给水管角阀中心一般在污水管中心左侧150mm或根据坐便器实际尺寸定位
2	带水箱及连体坐便器其水箱后背部离墙应不大于20mm
3	坐便器的安装应用不小于6mm的镀锌膨胀螺栓固定，坐便器与螺母间应用软性垫片固定，污水管应露出地面10mm
4	冲水箱内溢水管高度应低于扳手孔30～40mm
5	安装时不得破坏防水层，已经破坏或没有防水层的，要先做好防水，并经24小时积水渗漏试验

15. 开关、插座安装质量验收

暗盒预埋

开关、插座安装工程质量验收表

序号	检验标准
1	插座的接地保护线措施及火线与零线的连接位置必须符合规定
2	插座使用的漏电开关动作应灵敏可靠
3	开关、插座的安装位置正确。盒子内清洁，无杂物，表面清洁、不变形，盖板紧贴建筑物的表面
4	开关切断火线。插座的接地线应单独敷设
5	明开关，插座的底板和暗装开关、插座的面板并列安装时，开关、插座的高度差允许为±0.5mm；同一空间的高度差为±5mm